Excel

超值全彩

德胜书坊 编著

图表 ● 公式 ● 函数 ● 数据分析
从新手到高手
（畅销升级版）

中国青年出版社
CHINA YOUTH PRESS

中青雄狮

图书在版编目（CIP）数据

Excel图表/公式/函数/数据分析从新手到高手: 畅销升级版 /德胜书坊编著.

— 北京: 中国青年出版社, 2015.9

ISBN 978-7-5153-3633-6

I.①E... II.①德... III.①表处理软件 IV.①TP391.13

中国版本图书馆CIP数据核字（2015）第180016号

Excel图表/公式/函数/数据分析从新手到高手（畅销升级版）

德胜书坊 编著

出版发行：中国青年出版社

地 　　址：北京市东四十二条21号

邮政编码：100708

电 　　话：（010）50856188 / 50856199

传 　　真：（010）50856111

企 　　划：北京中青雄狮数码传媒科技有限公司

策划编辑：张海玲 张 鹏

责任编辑：刘冰冰

封面设计：彭 涛 吴艳蜂

印 　　刷：北京瑞禾彩色印刷有限公司

开 　　本：787×1092 1/16

印 　　张：19

版 　　次：2015 年 10 月北京第 1 版

印 　　次：2016 年 10 月第 3 次印刷

书 　　号：ISBN 978-7-5153-3633-6

定 　　价：49.90 元（附赠超值光盘，含教学视频与丰富素材）

本书如有印装质量等问题，请与本社联系

电话：（010）50856188 / 50856199

读者来信：reader@cypmedia.com

投稿邮箱：author@cypmedia.com

如有其他问题请访问我们的网站：http://www.cypmedia.com

首先感谢您阅读本书！

本书将向读者详细介绍Microsoft Excel的应用知识，Excel也称为电子表格，是Microsoft Office套装软件的一个重要组成部分。利用它除了可以进行各种数据的混合运算外，还可以将其应用于财务会计、统计分析、证券管理、决策管理、市场营销等众多领域。正因为它具有如此广泛的应用，所以才得到了无数"粉丝"的追捧与关爱。

本书针对初学者的学习特点，在结构上采用"由浅到深、由点到面、由传统运算到综合应用"的组织思路，在写作上采用"图文并茂、一步一图、理论与实际相结合"的教学原则，全面具体地对Excel 2013的基础操作、工作簿的操作、工作表的操作、数据内容的输入与编辑、公式与函数的应用、数据的排序与筛选、分类汇总与合并计算、图表的创建、透视表/透视图的应用、工作表的输出打印等内容作了介绍。在正文讲解过程中还穿插介绍了很多操作技巧，如此安排，旨在让读者学会Excel的基础知识→掌握Excel的操作技能→熟练应用Excel于工作之中。

全书共14章，其中各部分内容介绍如下：

第01~04章： 主要介绍了Excel 2013的工作界面、数据的输入与编辑、数据验证的设置、工作簿/表的操作、行/列的插入与删除、行高与列宽的调整、单元格的选择、插入、删除、合并，以及单元格的格式化操作等知识。

第05~06章： 主要介绍了公式的输入与编辑、函数的应用基础，接着举例介绍了常见运算函数、财务函数、日期与时间函数、逻辑函数、信息函数的使用，以及函数的嵌套使用。

第07~08章： 主要介绍了数据的基本排序、特殊排序、随机排序的操作方法，数据的自动筛选、自定义筛选和高级筛选的操作方法，数据的分类汇总与合并计算的操作方法，以及数据透视表/图的创建、删除、设置等操作方法。

第09~11章： 主要介绍了剪贴画与图片的应用、SmartArt图形的应用、艺术字的应用、文本框的应用、图表的创建、编辑与美化，以及工作表的打印等。

第12~14章： 主要介绍了Excel在行政文秘办公、人力资源管理以及市场营销中的应用。

为了使更多想要学习电脑的读者快速掌握这门知识，并能将其应用到现代办公中，我们特别推出了这本简单、易学、方便实用的图书。相信本书全面的知识点、技巧的精华提炼、细致的讲解过程以及全书富有变化性的结构层次，绝对让您感觉物超所值。本书不仅可供想要学好Excel办公族用户的使用，还可以作为电脑办公培训班的培训教材或学习辅导书。

本书在编写过程中力求严谨细致，但由于时间与精力有限，疏漏之处在所难免，望广大读者批评指正。欢迎加入Office办公读者交流QQ群：74200601。

作　者

1
Chapter

Excel 2013轻松入门

2
Chapter

Excel数据的输入与编辑

3 Chapter

工作表的编辑与格式化

4 Chapter

工作表与工作簿的管理

5 Chapter

认识并应用公式

6

Chapter

使用函数进行计算

7 Chapter

数据管理与分析

8

Chapter

数据的动态统计分析

9

Chapter

图表的巧妙应用

10 Chapter

工作表的美化

11 Chapter

工作表的输出

12 Chapter

Excel在行政文秘办公中的应用

13 Chapter

Excel在人力资源管理中的应用

14 Chapter

Excel在市场营销中的应用

1

Chapter

Excel 2013轻松入门

Excel 2013是Office 2013的核心组件，它是一个强大的数据处理软件。利用它不仅可以制作电子表格，还可以对表格数据进行统计、分析操作。灵活运用好Excel 2013软件，用户工作起来可事半功倍。本章将介绍Excel 2013基本入门知识，例如Excel 2013界面操作、Excel 2013视图方式设置以及Excel 2013选项参数设置等。

本章所涉及到的知识要点：

◆ Excel 2013的新功能介绍　　◆ Excel 2013 操作界面介绍

◆ Excel 2013三大元素介绍　　◆ Excel 2013视图方式的应用

◆ Excel 2013系统参数的设置

本章内容预览：

Excel 2013 操作界面

Excel的视图方式

"Excel选项"对话框

1.1 Excel 2013概述

Excel 2013是微软公司推出的Office 2013办公系列软件的一个重要组成部分，是电子表格界首屈一指的软件，可完成表格输入、数据统计、数据分析等多项工作，并生成精美直观的表格、图表，大大提高了企业员工的工作效率。目前大多数企业都会使用Excel对大量数据进行计算分析，为公司相关决策、计划的制定，提供有效的参考。用户可以使用它进行信息的管理和共享，从而制定睿智的商业决策。

1.1.1 Excel 的应用领域

Excel 广泛应用于财务、行政、金融、经济、统计和审计等众多领域，大大提高了数据处理的效率。下面就介绍一下Excel的应用领域。

- 会计专用：可以在众多财务会计表（例如现金流量表、收入表或损益表）中使用Excel强大的计算功能。
- 预算：可以在Excel中创建任何类型的预算（例如市场预算计划、活动预算或退休预算）。
- 账单和销售：Excel可以用于管理账单和销售数据，用户可以轻松创建所需表单（例如销售发票、装箱单或采购订单）。
- 报表：用户可以在Excel中创建各种反映数据分析或汇总数据的报表（例如用于评估项目绩效、显示计划结果与实际结果之间的差异的报表，或者可用于预测数据的报表）。
- 计划：Excel是用于创建专业计划或有用计划程序的理想工具。
- 跟踪：可以使用Excel跟踪时间表或列表中的数据。

1.1.2 Excel 2013的新特性

Microsoft Excel 2013与以往版本相比，具有更美观的界面、更强大的功能、更便捷的操作等优点，并且又增加了更多实用的功能。下面介绍Excel 2013的新功能。

1 启动Excel 2013即可选择模板

启动Excel 2013后，在开始屏幕中会显示很多非常实用的模板，选择所需的模板即可快速创建设置好表格格式的工作簿，直接应用模板工作簿，提高工作效率。

此外，用户还可以单击"建议的搜索"右侧相应的模板类别，或直接在"搜索联机模板"文本框中输入相应的关键字，联机搜索更多的模板。

Excel 2013的启动界面

<table>
<tr><td>操作提示</td></tr>
</table>

启动Excel时不显示开始屏幕

启动Excel时，需要在开始屏幕中单击"空白工作簿"图标创建新的工作簿。如果觉得这样操作不方便，可以进行相应的设置，使启动Excel时不显示开始屏幕。

选择"文件>选项"选项，打开"Excel选项"对话框，在"常规"选项面板中，勾选"此应用程序启动时显示开始屏幕"复选框，单击"确定"按钮。

2 "快速填充"功能

使用Excel 2013新增的"快速填充"功能，进行自动填充、自动拆分、自动合并，使字符串处理变得更加简单便捷。

例如对下表中"姓名"列进行拆分，在C3单元格中输入"姓名"列中的名"常常"并按下Enter键，切换至"数据"选项卡，单击"数据工具"选项组中的"快速填充"按钮，即可将

"姓名"列中的名自动拆分填充至"名"列，快速完成拆分。

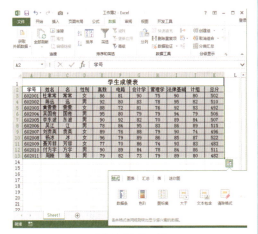

快速拆分

③ "快速分析"工具

Excel 2013新增的"快速分析"工具，可以非常便捷地对所选数据进行即时分析，包括为所选数据应用条件格式、创建图表和迷你图、对数据进行统计汇总分析等。

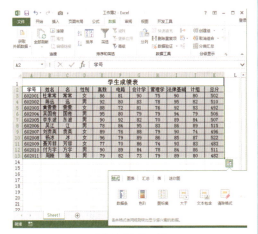

"快速分析"工具

④ 图表推荐功能

Excel 2013新增的"推荐的图表"功能，可以根据选择的数据推荐最合适的图表类型。选择要创建图表的数据后，切换至"插入"选项卡，单击"图表"选项组中的"推荐的图表"按钮，在打开的"插入图表"对话框中的"推荐的图表"选项卡列表中，显示了推荐的图表的预览效果。

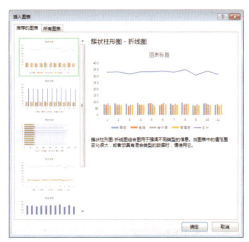

根据数据类型推荐的图表

⑤ 数据透视表推荐功能

应用Excel 2013新增的"推荐的数据透视表"功能，可以快速地创建合适的数据透视表。切换至"插入"选项卡，单击"表格"选项组中的"推荐的数据透视表"按钮，在打开的"推荐的数据透视表"对话框中，显示了创建的数据透视表的预览效果。

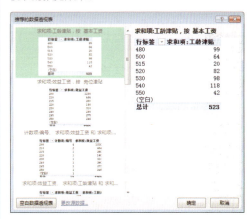

推荐的数据透视表

⑥ 应用日程表筛选日期数据

在Excel 2013中，新增了日程表功能，在数据透视表中插入日程表，可以将日期数据添加到数据透视表中，以便按时间进行筛选，非常方便快捷。

切换至"数据透视表工具-分析"选项卡下，单击"筛选"选项组中的"插入日程表"按钮，在弹出的"插入日程表"对话框中，选择所需筛选的日期复选框，然后单击"确定"按钮，即可插入日程表。

在数据透视表中插入日程表

⑦ 联机保存和共享文件

使用Excel 2013可以轻松地将工作簿保存到用户的联机位置，比如OneDrive。保存到Web后，无论何种设备或身处何处，只需对保存的工作簿进行访问链接，或选择与同事共享相同的链接，每个人都可以在Excel Web APP中使用最新版本的Excel打开、编辑工作簿等，实现数据的共享。

联机保存文件

1.1.3 Excel 2013的启动与退出

Excel 2013的启动与退出功能与旧版本大致相同，下面介绍Excel 2013启动与退出的几种方法。

❶ 启动Excel 2013

Microsoft Excel 2013程序的启动方法有很多种，用户可以根据自己的操作习惯采用不同的操作方法。

方法一： 执行"开始>所有程序>Micro-soft Office>Excel 2013"命令，即可启动Excel 2013。

"开始>所有程序"菜单启动

方法二： 将桌面或者"开始"菜单中的Microsoft Excel 2013图标拖至快速启动栏中，单击该图标，即可启动Excel 2013。

快速启动栏启动

方法三：双击桌面上的Microsoft Excel 2013图标，即可启动Microsoft Excel 2013程序。

双击程序图标启动

方法四：在桌面或者文件资料夹视窗中双击Excel工作表名称或图标，同样可启动Excel程序。

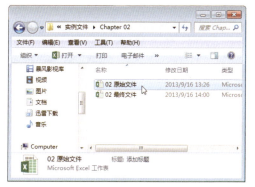
双击Excel工作表文件启动

2 Excel 2013的退出

想要退出正在运行的Excel 2013程序时，可以通过以下几种方式退出：

方法一：单击工作表窗口右上角的"关闭"按钮，即可退出Excel程序。

单击"关闭"按钮退出程序

方法二：在键盘上按Alt+F4组合键，即可退出Microsoft Excel 2013程序。

方法三：单击Excel标题栏最左端的Excel图标，在下拉列表中选择"关闭"选项，即可退出Excel程序。

选择"关闭"退出程序

1.2 认识Excel 2013的操作界面

启动Excel 2013后，单击开始屏幕中的"空白工作簿"图标，打开Excel工作窗口。可以看到Excel 2013的工作界面主要由6个部分组成，其中包括标题栏、菜单栏、功能区、数据编辑栏、工作区和状态栏。

1.2.1 标题栏

标题栏显示了Excel的程序名称以及当前工作簿名称，默认名称为"工作簿1"。标题栏的左侧为快速启动栏，默认只有"保存"、"撤销"及"恢复"3个常用命令，用户可以通过单击"自定义快速访问工具栏"下拉按钮进行设定，将常用的命令图标设置到该区域，再通过单击鼠标来进行命令操作。在标题栏右侧，用户可以进行最小化、还原/最大化、关闭等操作。

标题栏

1.2.2 功能区

功能区位于标题栏下方，默认情况下有"文件"、"开始"、"插入"、"页面布局"、"公式"、"数据"、"审阅"、"视图"8个选项卡，若需要进行宏与VBA相关操作，还会使用"开发工具"选项卡。各个选项卡下包含了相应的应用程序编辑命令。单击所需命令，即可为工作表执行该命令。

1 "开始"选项卡

"开始"选项卡中包括"剪贴板"、"字体"、"对齐方式"、"数字"、"样式"、"单元格"和"编辑"7个选项组，主要用于帮助用户对表格进行文字编辑和单元格的格式设置，是用户最常用的选项卡。

"开始"选项卡

2 "插入"选项卡

"插入"选项卡包括"表格"、"插图"、"图表"、"迷你图"、"筛选器"、"链接"、"文本"和"符号"等选项组，用于在表格中插入各种对象。

"插入"选项卡

3 "页面布局"选项卡

"页面布局"选项卡包括"主题"、"页面设置"、"调整为合适大小"、"工作表选项"和"排列"5个选项组，用于帮助用户设置Excel 2013的表格页面样式。

"页面布局"选项卡

4 "公式"选项卡

"公式"选项卡包括"函数库"、"定义的名称"、"公式审核"和"计算"4个选项组，可供用户实现各种数据计算。

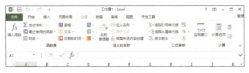

"公式"选项卡

5 "数据"选项卡

"数据"选项卡包括"获取外部数据"、"连接"、"排序和筛选"、"数据工具"和"分级显示"5个选项组，主要用于在表格中进行数据处理相关方面的操作。

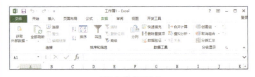

"数据"选项卡

6 "审阅"选项卡

"审阅"选项卡包括"校对"、"中文简繁转换"、"语言"、"批注"和"更改"5个选项组，主要用于对Excel 2013表格进行校对和修订等操作，适用于多人协作处理Excel 2013表格数据。

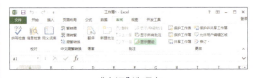

"审阅"选项卡

7 "视图"选项卡

"视图"选项卡包括"工作簿视图"、"显示"、"显示比例"、"窗口"和"宏"5个选项组，主要用于帮助用户设置Excel 2013表格窗口的视图类型，以方便操作。

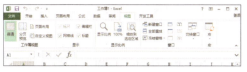

"视图"选项卡

⑧ "开发工具"选项卡

"开发工具"选项卡包括"代码"、"加载项"、"控件"、"XML"和"修改"5个选项组，主要用于帮助用户进行宏和VBA方面的操作。

默认情况下"开发工具"选项卡是不显示的，用户需要进行手动设置，将其添加到功能区中，具体添加方法在1.2.6小节会有详细说明。

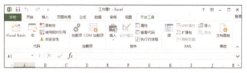

"开发工具"选项卡

1.2.3 编辑栏

编辑栏位于功能区下方，左侧是名称框，用来显示单元格名称（即被选中单元格的行数及列数，若是同时选中多个单元格，则显示左上角的单元格的行数及列数），也可以在名称框中输入单元格地址或定义名称，按下Enter键快速定位到相应的单元格或区域；中间是"插入函数"按钮以及插入函数状态下显示的3个按钮；右侧是编辑单元格计算需要的公式、函数或显示编辑单元格中的内容。

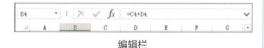

编辑栏

1.2.4 工作区

工作区是由单元格组成的，用于输入或编辑数据。工作区显示在工作簿中当前工作表的整个区域，Excel 2013初始状态下的工作区只有1个工作表，即Sheet1。在工作区中可以进行创建表格、插入图表、插入图片等多种操作。

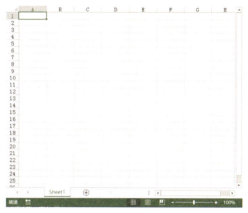

工作区

在工作区中，用户不仅可以进行创建表格、插入图表、插入图片等操作，还可以在当前工作区插入目标工作表或数据透视表和数据透视图。单击工作表标签右侧的"新工作表"按钮，即可在活动工作表之后快速添加一个新的工作表。

在工作区插入数据透视表

1.2.5 状态栏

状态栏位于在工作窗口的最下方。其中，左侧图标用来显示当前的工作状态（如"就绪"、"输入"、"编辑"等）以及一些操作提示信息；中间空白区域会显示快速统计结果；右侧图标为页面视图方式的切换图标（如"普通视图"、"页面布局视图"、"分页预览视图"）

以及"显示比例"缩放滑块。

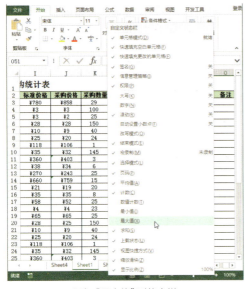

状态栏

运用状态栏可以进行一些快速操作，例如显示某一区域的平均值、求和、最大值、最小值等。下面就以显示最大值为例进行介绍：

步骤 01 在状态栏上右键单击，从打开的快捷菜单中选择"最大值"选项。

添加"最大值"到状态栏

步骤 02 选中想要计算的单元格区域，状态栏下方即会自动显示选中区域内的最大值。

显示选中区域内的最大值

1.2.6　自定义Excel工作界面

虽然现有的快速工具栏和功能区都是经过开发者深思熟虑设计而成，但由于空间的限制以及用户的个人操作习惯的不同，会对用户的工作造成了一些不便。

幸运的是，Excel提供了丰富的自定义功能，用户可以根据自己的需求和习惯，定义符合自己要求的工作界面。

1 自定义快速访问工具栏

快速访问工具栏是一组可定义的命令集合，用户不但可以自由添加和删除该组合中的命令，还可以改变其位置，以方便不同用户的操作需求。

（1）改变快速访问工具栏位置

默认快速访问工具栏位于功能区上方，单击"自定义快速访问工具栏"下拉按钮（ ▼ ）。

默认的快速访问工具栏位置

操作提示

快速打开"Excel选项"对话框

打开"Excel选项"对话框的方式还有另外两种：其一，单击快速访问工具栏的展开按钮，在下拉菜单中单击"其他命令"选项。其二，单击"文件>选项"命令。

在打开的下拉菜单中，选择"在功能区下方显示"选项，即可将其置于功能区下方。

单击"自定义快速访问工具栏"下拉按钮（ ⚐ ），在打开的下拉菜单中，选择"在功能区上方显示"选项，即可将快速访问工具栏放回原位。

改变位置后的快速访问工具栏

（2）切换工具栏中各命令的位置

设置快速访问工具栏中各命令位置的具体操作方法如下：

步骤 01 右键单击快速访问工具栏，在打开的快捷菜单中选择"自定义快速访问工具栏"命令。

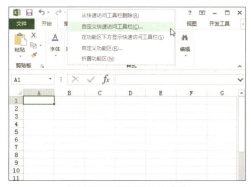

快速访问工具栏的快捷菜单

步骤 02 打开"Excel选项"对话框，单击"快速访问工具栏"选项，选择需要调换位置的命令，单击右侧的"上移"（ ▲ ）或者"下移"（ ▼ ）按钮，调整完毕后，单击"确定"按钮，即可调换快速访问工具栏中命令的位置。

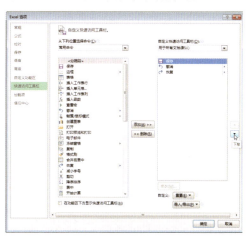

"Excel选项"对话框

（3）添加与删除快速访问工具栏命令

在工作中，用户可以根据自己的操作习惯添加或删除快速访问工具栏中的命令。

步骤 01 单击"快速访问工具栏"下拉按钮，在展开的下拉菜单中选择并单击"打印预览和打印"命令（用户根据实际需要选择要添加的命令）。

选择"打印预览和打印"命令

步骤 02 即可将"打印预览和打印"命令添加到快速访问工具栏。

添加"打印预览和打印"命令

步骤 03 关于快速访问工具栏中命令的删除操作也很简单，只需单击快捷菜单中需要删除的命令前面的勾选符号，即可从快速访问工具栏中删除该命令。

取消勾选符号删除

此外用户还可以通过右键菜单进行删除，右键单击要删除的命令，在弹出的快捷菜单中选择"从快速访问工具栏删除"选项，即可将该命令从快速访问工具栏中删除。

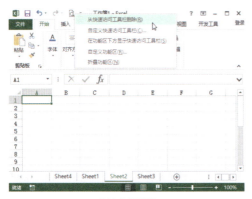

右键菜单删除

2 功能区菜单栏的自定义

如果功能区菜单栏中的选项过于繁多或者没有用户所需选项，用户可以根据自身需求自定义功能区的菜单栏。下面介绍如何自定义功能区中的菜单栏。

（1）添加或删除选项卡中的一个或多个选项

用户可根据自己需要添加或者删除选项卡中的选项。例如在菜单栏中添加"开发工具"选项卡，其方法如下：

步骤 01 打开"Excel选项"对话框，单击"自定义功能区"选项，在"自定义功能区"下拉列表中选择"主选项卡"选项，然后勾选"开发工具"选项前面的复选框。

"自定义功能区"选项面板

步骤 02 单击"确定"按钮，即可在功能区成功添加"开发工具"选项卡。

已添加"开发工具"选项卡

若用户想删除"开发工具"选项卡，只需在"Excel选项"对话框中，取消勾选主选项卡中"开发工具"前的复选框，单击"确定"按钮即可。

（2）添加或删除选项卡中的选项组

用户可根据需要添加或者删除某一选项卡中的一个或者多个选项组。例如，如果想在"数据"选项卡中添加"排序和筛选"组，可通过以下方法进行操作：

步骤 01 在"Excel选项"对话框中，切换至"自定义功能区"选项面板，在"从下列位置选择命令"下拉菜单中选择"主选项卡"选项。

选择"主选项卡"选项

步骤 02 在"主选项卡"列表中，选中"数据"选项下中的"排序和筛选"选项，单击"添加"按钮，然后单击"确定"按钮完成添加操作。

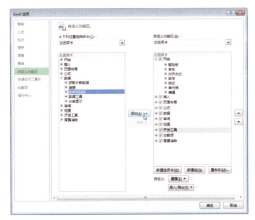

添加"排序和筛选"选项组

想要删除选项组，可以应用以下两种方式。

方法一：打开"Excel选项"对话框，切换至"自定义功能区"选项面板，选中"排序和筛选"选项，单击"删除"按钮。

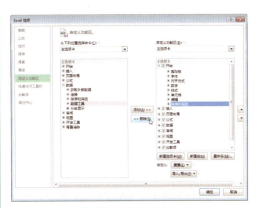

普通删除"排序和筛选"选项组

操作提示

巧妙变换选项组的位置

用户想更改选项组的位置，只需在"Excel选项"对话框的"自定义功能区"选项面板中单击"上移"或"下移"按钮即可。同样，若想设置各选项卡的位置，只需单击需要改变位置的选项，右键单击，在打开的快捷菜单中选择"上移"或"下移"命令即可。

方法二：右击"排序和筛选"选项，在打开的快捷菜单中选择"删除"命令，单击"确定"按钮即可。

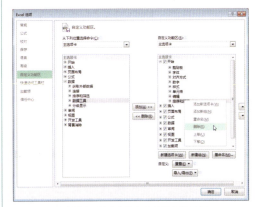

右击快捷删除"排序和筛选"选项组

操作提示

功能区的隐藏和显示

若用户认为功能区占用太大的版面位置，可将其隐藏起来。只需要单击功能区右上角处的"功能区显示选项"按钮，或者在键盘上按Ctrl+F1组合键，即可根据需要隐藏和显示功能区。另外，全屏模式下，包括各选项卡的名称也将全部被隐藏。

1.3 Excel的三大元素

在Excel中，如果把工作簿比作大树，工作表就是大树的枝干，而单元格则是片片树叶。本节将对工作簿、工作表、单元格的定义及它们之间的关系进行介绍。

1.3.1 工作簿

工作簿是指在Excel中用来存储并处理工作数据的文件，其扩展名是.xlsx。在Excel中，一个工作簿中可以包含许多工作表，工作表中可以存储不同类型的数据。通常所说的Excel文件指的就是工作簿文件。

当启动Excel时，系统会自动创建一个新的工作簿文件，名称为"工作簿1"，以后创建工作簿的名称默认为"工作簿2"、"工作簿3"……

工作簿不仅提供了完整的计算功能，它还提供了许多应用数据处理的功能，如数据筛选、图表制作、统计分析等，在各行各业均有广泛应用。

某公司各部门费用统计分析

1.3.2 工作表

工作表是工作簿里的一个表，Excel 2013默认只包含1个工作表，即Sheet1。用户可以根据需要添加工作表或者对工作表名进行重命名，每一个工作簿最多可以包含255个工作表。

工作表主要由单元格组成，它是显示在工作簿窗口中的表格，是工作簿的重要组成部分。一个工作表可以由1048576行和16384列构成，

行的编号从1到1048576，列的编号依次用字母A、B……XFD表示。行号显示在工作簿窗口的左边，列号显示在工作簿窗口的上边。

工作表窗口

每个工作表有一个名称，工作表名显示在工作表标签上。其中白色的工作表标签表示当前的活动工作表。单击工作表标签，可选择该工作表为活动工作表。

在一个工作簿中，无论有多少个工作表，将其保存时，都将会保存在同一个工作簿文件中，而不是按照工作表的个数保存。

1.3.3 单元格

工作表中行与列交汇处的区域称为单元格，它可以存放文字、数字、公式和声音等信息。在Excel中，单元格是存储数据的基本单位。

在工作表中，每一个单元格都有其固定的地址，一个地址也只表示一个单元格，其名称按所在的行列位置来命名，例如：地址B5指的是B列与第5行交叉位置上的单元格。

① 单元格的引用

客观地讲，公式的运用是Excel区别于Word和Access的重要特征，而公式又是由引用的单元格和运算符号或函数构成，因此，单元格的引用就成为Excel中最基本和最重要的问题。不懂得怎样引用单元格，则无法利用公式对数据进行操作；不懂得不同引用样式间的区别，就无法根据不同的情况使用不同的引用样式来正确、便捷地处理公式和数据。

单元格按所在的行列位置来命名，它有三种引用样式：A1引用样式，R1C1引用样式和三维引用样式。

（1）A1引用样式

A1引用样式是Excel默认的引用样式。列以大写英文字母表示，行以阿拉伯数字表示，由于每个单元格都是行和列的交叉点，所以其位置完全可以由所在的行和列来决定，因此，通过该单元格所在的行号和列标就可以准确地定位一个单元格。描述某单元格时，应当顺序输入列字母和行数字，列标在前行号在后。例如，A1即指该单元格位于A列1行，是A列和1行交叉处的单元格。如果要引用单元格区域，应当顺序输入区域左上角单元格的引用、冒号（：）和区域右下角单元格的引用，下表是引用的示例。

引用	表达式
位于列B和行5的单元格	B5
列E中行15到行30的单元格区域	E15:E30
行15中列B到列E的单元格区域	B15:E15
行5中的所有单元格	5:5
从行5到行10的所有单元格	5:10
列H中的所有单元格	H:H
从列H到列J中的所有单元格	H:J

（2）R1C1引用样式

在R1C1引用样式中，Excel使用R加行数字和C加列数字来指示单元格的位置。例如，R1C1即指该单元格位于第1行第1列。在宏中计算行和列的位置时，或者需要显示单元格相对引用时，R1C1样式是很有用的。如果要引用单元格区域，应当顺序输入区域左上角单元格的引用、冒号（：）和区域右下角单元格的引用，下表是引用的示例。

引用	表达式
位于行5和列2的单元格	R5C2
列5中行15到行30的单元格区域	R15C5:R30C5
行15中列2到列5的单元格区域	R15C2:R15C5
行5中的所有单元格	R5:R5
从行5到行10的所有单元格	R5:R10
列8中的所有单元格	C8:C8
从列8到列11中的所有单元格	C8:C11

（3）三维引用样式

如果要分析同一工作簿中多张工作表上的相同单元格或单元格区域中的数据，就要用到三维引用。三维引用包含单元格或区域引用，前面加上工作表名称的范围。Excel使用存储在引用开始名和结束名之间的任何工作表。例如，"=SUM(Sheet2:Sheet13!B5)"将计算包含在B5单元格内所有值的和，单元格取值范围是从工作表2到工作表13。

Excel单元格的引用包括绝对引用、相对引用和混合引用三种。

1）绝对引用

单元格中的绝对单元格引用（例如$F$6）总是在指定位置引用单元格，如果公式所在单元格的位置改变，绝对引用的单元格始终保持不变。如果多行或多列地复制公式，绝对引用将不作调整。例如，如果将单元格B2中的绝对引用复制到单元格B3，则在两个单元格中一样，都是$F$6。

2）相对引用

公式中的相对单元格引用（例如A1）是基于包含公式和单元格引用的单元格的相对位置。如果公式所在单元格的位置改变，引用也随之改变。如果多行或多列地复制公式，引用会自动调整。默认情况下，新公式使用相对引用。例如，如果将单元格B2中的相对引用复制到单元格B3，将自动从"=A1"调整到"=A2"。

3）混合引用

混合引用具有绝对列和相对行，或是绝对行和相对列。绝对引用列采用$A1、$B1等形式。绝对引用行采用A$1、B$1等形式。如果公式所在单元格的位置改变，则相对引用改变，而绝对引用不变。如果多行或多列地复制公式，相对引用自动调整，而绝对引用不作调整。例如，如果将一个混合引用从A2复制到B3，它将从"=A$1"调整到"=B$1"。

在Excel中输入公式时，只要正确使用F4键，就能简单地对单元格的相对引用和绝对引用进行切换，现举例说明：

对某单元格输入公式"=SUM (B4:B8)"。然后选中整个公式，按下F4键，该公式内容变为"=SUM($B$4:$B$8)"，表示对横、纵行单元格均进行绝对引用。第二次按下F4键，公式内容则变为"=SUM(B$4:B$8)"，表示对横行进行绝对引用，纵行相对引用。第三次按下F4键，公式则变为"=SUM($B4:$B8)"，表示对横行进行相对引用，对纵行进行绝对引用。第四次按下F4键时，公式变回到初始状态"=SUM(B4:B8)"，即对横行纵行的单元格均进行相对引用。

❷ 单元格的选取和定位

在当前的工作表中，无论用户是否曾经用鼠标单击过工作表区域，都存在一个被激活的活动单元格，H8单元格即为激活（被选定）的单元格。

活动单元格的边框显示为黑色矩形线框，在

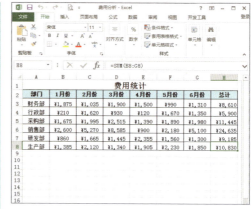

选择H8单元格

Excel工作窗口的名称框中会显示此活动单元格的地址，在编辑栏中则会显示此单元格的内容。活动单元格的行列标签也会以不同颜色的进行显示。

要选取某个单元格为活动单元格，只需通过鼠标或键盘按键等方式激活目标单元格即可。使用鼠标直接单击目标单元格，可将目标单元格切换为当前活动单元格。使用键盘方向键Page Up、Page Down等按键，也可在工作表中移动选取活动单元格。

1.4　Excel的视图应用

Excel 2013中提供了四种视图方式，分别是普通视图、页面布局视图、分页预览视图以及自定义视图，它们均有着不同的特点和显示技巧。应用自定义视图，便于用户在需要时将保存的视图快速地应用于工作表。

1.4.1　普通视图

普通视图是工作簿默认的视图模式，用于正常显示工作表，用户可进行数据的输入、排序、筛选，图表的创建、编辑，单元格的设置等操作，适合大多数工作表的编辑。打开"视图"选项卡，单击"工作簿视图"选项组中的"普通"按钮，即可切换至该视图模式。

普通视图

1.4.2 页面布局视图

页面布局视图用于显示文档所有内容在整个页面的分布状况和整个文档在每一页上的位置，并可对其进行编辑操作，具有真正的"所见即所得"的显示效果。在页面布局视图中，屏幕看到的页面内容就是实际打印的真实效果。在"视图"选项卡下单击"页面布局"按钮，即可切换至该视图模式。

页面布局视图

1.4.3 分页预览视图

分页预览视图以打印预览方式显示表格效果，可以编辑数据。分页预览时无打印内容的单元格区域会变成灰色，如同在普通视图中一样可自由更改数据、布局、格式等。在"视图"选项卡下单击"分页预览"按钮，即可切换至该视图模式。

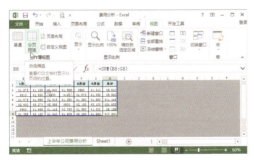

分页预览视图

1.4.4 自定义视图

使用自定义视图可以保存对工作表的特定显示设置，如列宽、行高、隐藏行、隐藏列、单元

格选择和打印设置等，以便在需要时将这些设置快速地应用到该工作表。用户可以将自定义视图应用到创建该自定义视图时活动的工作表。创建自定义视图的操作方法如下：

步骤 01 在工作表中更改要在自定义视图中保存的显示和打印设置后，在"视图"选项卡下单击"自定义视图"按钮，打开"视图管理器"对话框。

"视图管理器"对话框

步骤 02 单击"添加"按钮，打开"添加视图"对话框中，输入视图名称，在"视图包括"选项区域勾选相应的复选框后，单击"确定"按钮即可。

"添加视图"对话框

在工作表中添加自定义视图后，若不再需要该自定义视图，可以将其删除，操作方法如下。

在"视图"选项卡下单击"自定义视图"按钮，打开"视图管理器"对话框，选中要删除的自定义视图名称，单击"删除"按钮，在弹出的Microsoft Excel提示框单击"是"按钮，即可删除自定义视图。

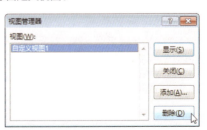

删除自定义视图

1.5 "Excel选项"对话框

执行"文件>选项"命令，打开"Excel选项"对话框。其中包括"常规"、"公式"、"校对"、"语言"、"高级"等多个选项面板。用户根据需要在相应的选项面板中进行相关设置，可以在很大程度上提高工作效率。在之前的1.2.6小节中，已介绍过"自定义功能区"及"快速访问工具栏"选项面板的运用，下面将对其他主要选项面板内容的设置进行介绍。

"Excel选项"对话框

（1）"常规"选项面板

"常规"选项面板是使用Excel时采用的常规选项。用户可以在本选项面板中对"新建工作簿"、"界面颜色"及"用户名"等选项进行设置。如果想更改新建工作表时的数目，则在"包含的工作表数"数值框中输入想设置的工作表数或者单击右边的微调按钮进行设置，然后单击"确定"按钮即可。

（2）"公式"选项面板

"公式"选项面板主要用于更改与公式计算、性能和错误处理相关的选项。用户可以在本选项面板中的"计算选项"、"使用公式"及"错误检查"等选区进行设置。如果用户想要改变计算误差，只需单击"计算选项"选区中的"最大误差"选项，输入想要改变的误差值，单击"确定"按钮即可。

"常规"选项面板

"公式"选项面板

（3）"校对"选项面板

"校对"选项面板主要用于更改Excel更正和设置文本使用格式方式。用户可以在"自动更正选项"和"在Microsoft Office程序中自动拼写时"选项区域进行相关设置。

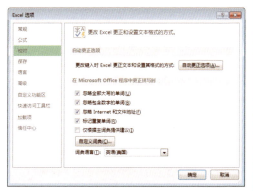

"校对"选项面板

（4）"保存"选项面板

"保存"选项面板主要用于自定义工作簿的保存方法。用户可以在本选项面板中的"保存工作簿"、"自动恢复例外情况"及"保留工作簿外观"等选区进行设置。

例如对文本保存格式的设置进行操作，则首先单击"将文件保存为此格式"下三角按钮，然后在打开的下拉菜单中选择用户想要保存的文本格式，最后单击"确定"按钮即可。

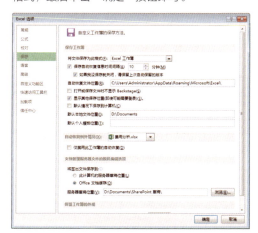

"保存"选项面板

（5）"语言"选项面板

"语言"选项面板主要用于设置Office语言。用户可以在本选项面板中的"选择编辑语言"、"选择用户界面和帮助语言"及"选择屏幕提示语言"选区进行设置。

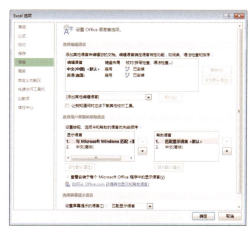

"语言"选项面板

（6）"高级"选项面板

"高级"选项面板是使用Excel时采用的高级选项。用户可在本选项面板中的"编辑选项"、"图片大小和质量"、"打印"及"显示"等选区进行设置。

如果用户想要设置显示最近使用工作簿的数量，只需在"显示此数目的最近使用的工作簿"后面的数值框中输入需要的数字或者单击右侧的微调按钮，然后单击"确定"按钮即可。

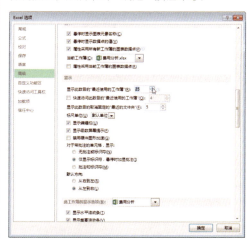

"高级"选项面板

（7）"加载项"选项面板

"加载项"选项面板主要用于查看和管理Microsoft Office加载项。本选项面板只有一个选区，用户可以根据需要在其中进行设置。

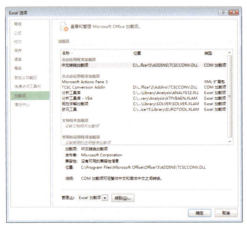

"加载项"选项面板

（8）"信任中心"选项面板

"信任中心"选项面板主要用于帮助保护文档以及保证计算机安全状况良好。用户可以在本选项面板中的"保护隐私"、"安全和其他信息"以及"Microsoft Excel信任中心"选区进行设置。

"信任中心"选项面板

✌ 启动Excel时自动打开指定的工作簿

打开"Excel选项"对话框，切换至"高级"选项面板，在右侧的 "常规"选项区域中的"启动时打开此目录中的所有文件"文本框中输入要打开的文件路径，单击"确定"按钮即可完成操作。

设置自动打开的工作簿

🔒 什么是兼容模式

在兼容模式下，Excel 2013的很多特性将无法正常实现。例如，在新版本中工作表的最大行数和最大列数分别为220和214；而兼容模式文档的最大行数何最大列数均维持在Excel 2003水平，即分别为216和28。

需要注意的是，若在兼容模式中使用了Excel 2013新增的功能，则在用早期Excel版本打开时，可能会造成数据丢失或其他意外损失。

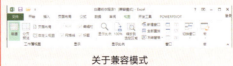

关于兼容模式

综合案例 | 应用"Excel帮助"功能

使用Excel能够方便地处理表格和进行图形分析，其强大的功能体现在对数据的自动处理和计算上，很多新手难以对其进一步深入使用，这时，"Excel帮助"功能就起到了非常巨大的引导作用。下面介绍应用"Excel帮助"功能解决"自定义快速访问工具栏"的具体操作，来详细介绍如何使用"Excel帮助"功能。

步骤01 打开Excel工作簿，在标题栏右侧单击"Microsoft Excel帮助"按钮。

单击"Microsoft Excel帮助"按钮

步骤02 打开"Excel帮助"面板，在搜索文本框中输入需要解决的问题关键字，如"自定义快速访问工具栏"，单击"搜索"按钮，即可查看搜索结果。

单击搜索结果的链接

步骤03 单击和"自定义快速访问工具栏"的相关的搜索结果的链接，即可查看具体的操作方法相关信息。

查看帮助信息

操作提示

在实际操作中获取帮助信息

在实际的操作中，将鼠标指针指向Excel工作窗口中的命令按钮，窗口中会出现屏幕提示，在屏幕提示中如果有"详细信息"按钮，单击该按钮，即可获得该项功能操作的具体帮助。

在实际操作中获取Excel帮助

2
Chapter

Excel数据的输入与编辑

在Excel中，最小的存储单位是单元格，表格中的数据内容需要输入到单元格内。输入不同类型的数据时，所使用的方法会有区别。在输入数据时，还有一些技巧可以使用，本章中就针对数据的输入及其相关编辑技巧进行介绍。

本章所涉及到的知识要点：

◆ 创建工作簿　　　◆ 选择单元格

◆ 输入数据　　　　◆ 数据填充

◆ 查找与替换数据　◆ 添加文本批注

◆ 保存工作簿　　　◆ 打开与关闭工作簿

本章内容预览：

新建工作簿

选择相邻的单元格区域

数字序列填充

2.1 创建工作簿

工作簿是利用Excel生成的表格文件，是Excel的基本文档，以文件的形式存放在磁盘上，是Excel工作区中一个或多个工作表的集合。创建新的工作簿时，用户可以使用空白工作簿模板，也可以使用现有模板来创建工作簿，下面将介绍创建工作簿的方法。

2.1.1 创建空白工作簿

启动Excel 2013应用程序后，将自动创建一个名为"工作簿1"的新工作簿，新工作簿是基于默认模板创建的，内含1张空白工作表。除了启动Excel时会自动创建一个新工作簿外，还可以用以下几种方法创建空白工作簿。

方法一： 单击快速访问工具栏中的"新建"命令按钮，即可创建空白工作簿。

方法二： 在键盘上按Ctrl+N组合键，也可创建空白工作簿。

方法三： 执行"文件>新建"命令，在"新建"选项区域，选择"空白工作簿"选项。

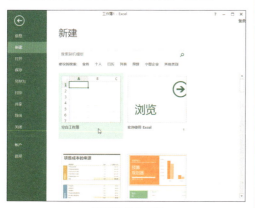

"新建"选项面板

操作提示

下载模板的默认保存路径

模板下载完成并进行简单设计后，可以将模板另存为"Excel 模板"格式，保存即可。模板的默认保存路径为：C: \Documents and Settings\用户名\App Data\Roaming\Microsoft\Templates。用户以后如果再次用到此模板，无需下载，直接打开即可。

即可创建一个新的空白工作簿。

新建空白工作簿

新的工作簿将以创建的先后顺序预定义文件名，分别为"工作簿2、工作簿3……"。利用"新建工作簿"任务面板，还可根据现有的工作簿创建一个已有内容的新工作簿。

2.1.2 基于模板创建工作簿

模板是一种含有建议性内容和格式的样版工作簿，用户除了使用默认的模板外，还可利用Excel内置的众多模板，快速创建与之类似的工作簿。下面对如何新建模板进行详细地介绍。

1 样本模板

已定义了固定的公式、格式、布局等项目的表格称为模板。使用模板时，只需经过简单的设置，即可轻松创建工作簿，大大地节约用户创建表格所花费的时间。

下面以创建"每月销售额报表"为例，介绍创建模板的具体操作。

步骤 01 执行"文件>新建"命令，在"新建"选项区域内，选择"每月销售额报表"模版。

选中"每月销售额报表"选项

步骤 02 在打开的面板中，介绍了该模板的详细情况，然后单击"创建"按钮。

单击"创建"按钮

步骤 03 创建了一个含有内容的新工作簿，用户可以在该工作簿的基础上，根据工作需要进行相应的修改。

创建模板工作簿

2 搜索联机模板

Excel提供的模板有限，有时候这些模板并不能满足用户的工作需求。这时，用户可以根据搜索联机模板中提供的各种各样的模板，创建新工作簿。需要注意的是，如果当前计算机没有联网，该功能将不能使用。

下面以制作"差旅费报表"为例来介绍其具体操作方法。

步骤 01 执行"文件>新建"命令，在"搜索联机模板"文本框中输入"差旅费报表"，单击右侧的"开始搜索"按钮。

输入"差旅费报表"文本

步骤 02 在结果显示区域，选中最适合用户的模版，此处选择"差旅费报表"模版。

选择"差旅费报表"模版

步骤 03 在打开的面版中，主要介绍该模版的详细情况，然后单击"创建"按钮。

单击"创建"按钮

步骤 04 下载完成后，系统会自动打开"差旅费报表"文档模板，根据工作需要进行修改。

打开"差旅费报表"模版

2.2 单元格的选择

在Excel中，单元格是用户经常需要处理的对象，同时也是操作Excel的最小对象。用户可选择单个单元格、单元格区域、整行或整列，还可使单元格处于编辑模式并选择该单元格的所有或部分内容。

2.2.1 选择单个单元格

要选择单个单元格，可直接单击该单元格，也可在编辑栏左侧的名称框中输入单元格的位置，按Enter键即可选择该单元格。

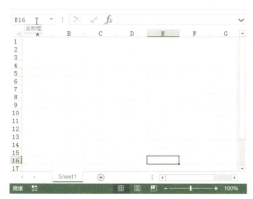

输入单元格位置

2.2.2 选择单元格区域

在Excel中选择单元格区域，是指选择工作表中两个或两个以上的单元格，所选的单元格区域可以相邻也可以不相邻。

1 选择相邻的单元格区域

选择相邻的单元格区域有很多种方法，常用的方法如下：

方法一： 使用鼠标拖拽的方法最为常见，单击单元格后，按住鼠标左键不放，拖动光标至合适的位置，松开鼠标后，即选中被框选的单元格区域。

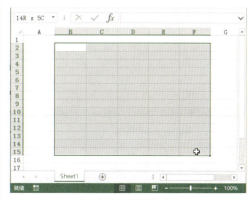

选择相邻的单元格区域

方法二： 单击所需第1个单元格后，按住键盘上Shift键不放，同时单击所需单元格区域最后1个单元格，然后松开Shift键及鼠标，同样也可选中相关单元格区域。

②选择不相邻的单元格区域

选择不相邻的单元格区域则要联合鼠标和Ctrl键进行选择。单击所需单元格，按住Ctrl键不放，逐次单击其他所需单元格，松开Ctrl键和鼠标，即可选中不相邻的单元格。

选择不相邻的单元格区域

2.2.3　选择行

选择一行是非常简单的，只需将光标移动到行号的位置，当光标变成➡时，单击鼠标，即可选择该行。

选择行

2.2.4　选择列

与选择单行操作相同，要选择某一列，只需将鼠标移动到单元列号的位置上，而当鼠标变成

向下箭头时，单击鼠标，即可选择该列。

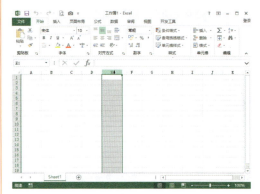

选择列

2.2.5　选择工作表中所有单元格

要选择工作表中所有的单元格，可单击工作区左上角的"全选"按钮，即可选择整个工作表中的单元格。

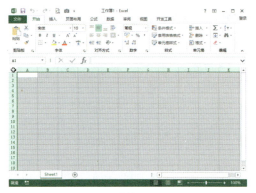

全选

高手妙招

选中多行或多列

选择连续多行/多列时，将光标放在需要选择的第一行/第一列，当光标变为黑色箭头时按住鼠标左键拖拽至合适的位置，释放左键。选择不连续的多行/多列时，按住Ctrl键选择需要的行/列。

选择不连续行

2.3 数据的输入

在Excel中，最小的存储单位是单元格，表格中的数据内容需要输入到单元格内，输入不同类型的数据时，所使用的方法会有所区别。针对不同规律的数据，采用不同的输入方法，不仅能减少数据输入的工作量，还可以保障输入数据的正确性。Excel常见的数据类型有文本（字符）、数字、日期、逻辑四种，我们可以利用直接输入或自动填充等方式输入这些数据。在单元格中输入数据后，还可以对输入的数据进行各种编辑操作，如移动、复制、查找与替换等。

2.3.1 输入文本型数据

输入文本型数据的操作很简单，单击要输入文本型数据的单元格，输入文本内容。

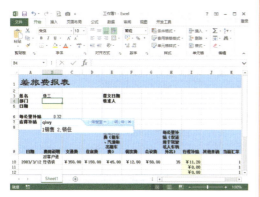

输入文本型数据

输入后，按Enter键即可完成操作。默认情况下，输入的文本会沿单元格左侧对齐，此时选取框会自动移动到下一行单元格。

完成输入

2.3.2 输入数值型数据

在Excel中，数值型数据是使用最多，也是最为复杂的数据类型。数值型数据由数字0～9、正号、负号、小数点、分数号"/"、百分号"％"、指数符号"E"或"e"、货币符号"￥"或"$"和千位分隔号"，"等组成。输入数值型数据时，Excel会自动将其沿单元格右侧对齐。

在编辑Excel工作表的过程中，数值型数据的输入是必不可少的，下面就来分别介绍一下几种数值型数据的输入方法。

1 输入普通数值

输入普通数值的方法与输入文本的方法相同，即单击要输入数据的单元格，然后直接在单元格中输入数值或利用编辑栏输入。

2 输入百分比数据

要输入百分比数据，可直接在数值后输入百分号"％"，例如，要输入30％，应该先输入"30"，再输入"％"。

3 输入负数

要输入负数，必须在数字前加一个负号"-"，或者给数字加上圆括号。例如，输入"-2"或者"（2）"，都可以在单元格中得到-2。

4 输入小数

如果要输入小数，只需在指定的位置输入小数点即可。

5 输入分数

分数的格式通常为"分子/分母"。如果要在单元格中输入分数，如1/5，应当先输入0和一个空格，然后再输入"1/5"，单击编辑栏的"输入"按钮后，单元格中则显示"1/5"，而编辑栏中则显示"0.2"；如果不输入0和空格，Excel会把该数据作为日期格式处理，存储为"1月5日"。

2.3.3 输入日期和时间

下面介绍如何在Excel表格中，输入所需日期和时间的操作方法。

1 输入日期

Excel是将日期和时间视为数字处理的，用符号"/"或者"-"来分隔日期中的年、月、日部分。

首先输入年份，然后输入1-12的数字作为月，再输入1-31的数字作为日。比如要输入"2010年4月30日"，可在单元格中输入"2010/4/30"或者"2010-4-30"。如果省略年份，则以当前的年份作为默认值，显示在编辑栏中。

2 输入时间

在Excel中输入时间，可用符号"："分开时间的时、分、秒。系统默认输入时间是按24小时制方式输入的。若要基于12小时制输入时间，需要在时间后输入一个空格，然后输入AM或PM（也可以只输入A或P），表示上午或下午。

2.3.4 输入特殊字符

特殊字符是指一些无法通过输入法或键盘输入的字符，输入这些字符时就要通过Excel中的插入符号功能完成。

步骤 01 切换至"插入"选项卡，单击"符号"选项组中的"符号"按钮，打开"符号"对话框，在"字体"列表框中选择合适的字体。

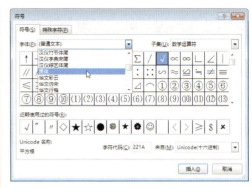

选择字体

步骤 02 然后选择需要的字符，单击"插入"按钮，即可在工作表中输入该字符。

选择特殊字符

操作提示

符号分类
在"符号"对话框中，如果所选的类型中找不到所需的字符，可以在右下角的"来自"中选择来源，然后在右上角的"字体"列表中选择不同字体对应的各种符号。

2.3.5 格式化数据

Excel单元格格式主要包括"数字"、"对齐"、"字体"、"边框"、"填充"和"保护"6种属性，通过这几种属性可以对单元格的外观样式进行设置，单元格的外观样式又决定着工作表的外观样式。

1 设置数字类型

单元格数字类型的设置是非常有必要的，若事先没有设置合适的数字类型，将很容易发生输入错误。

（1）使用快捷键设置

选中所需单元格或区域后，按相关组合键可快速地对其设定数据类型。常用的一些快捷键如表2-1所示。

表2-1　常用设置数字类型组合键

组合键	功能描述
Ctrl+Shift+ ~	设置为常规格式，即不带格式
Ctrl+Shift+^	设置为科学计数法格式，含两位小数
Ctrl+Shift+@	设置为时间格式，包含小时和分钟显示
Ctrl+Shift+#	设置为日期格式
Ctrl+Shift+%	设置为百分数格式，无小数位
Ctrl+Shift+!	设置为千位分隔符显示格式

（2）使用功能区设置

在"开始"选项卡下的"数字"选项组中包含了一些内置的常用数字格式，如 "会计数字格式"、"百分比样式"、"千位分隔样式"、"增加小数位数"以及"减小小数位数"等。在应用时，只需单击相关图标按钮，即可完成设置。

操作提示

添加会计样式

在使用会计样式功能时，若用户所选择的区域选项为"中文（中国）"，则默认的货币符号为人民币符号"￥"。如果希望添加其他货币样式，只需在"数字"选项组中，单击"会计数字格式"下拉按钮，从中进行相应的选择即可。

（3）使用对话框设置

上述两种设置方法所提供的数据类型虽然不少，但是每种数据类型的样式相对都比较单一，若用户希望有更多的选择，则可通过"设置单元格格式"对话框中的"数字"选项卡来设置示。

打开"设置单元格格式"对话框的方法通常有以下3种：

方法一： 在键盘上按Ctrl + 1组合键。

方法二： 右击所需单元格，在快捷菜单中选择"设置单元格格式"命令。

方法三： 单击"字体"、"对齐方式"或"数字"选项组的对话框启动按钮。

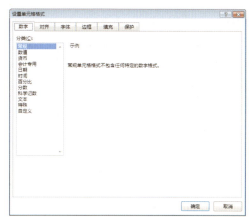

"设置单元格格式"对话框

下面以添加货币符号为例，来介绍其具体操作。

步骤 01 选中A2：A9单元格区域，按Ctrl + 1组合键打开"设置单元格格式"对话框，切换至"数字"选项卡，在"分类"选项列表中选择"货币"选项。

步骤 02 利用"小数位数"右侧的微调按钮设置数值为2；在"货币符号"下拉列表中选择"$"；在"负数"列表中选择带括号并为红色字体的样式。

设置"货币"选项

步骤 03 设置后，单击"确定"按钮返回至工作表，即可看到设置后的效果。

设置数字格式前后效果

❷ 设置对齐方式

在"设置单元格格式"对话框中，"对齐"选项卡主要用于设置单元格中文本的对齐方式，此外用户还可以对文本方向、文字方向以及文本控制等内容进行相关设置。

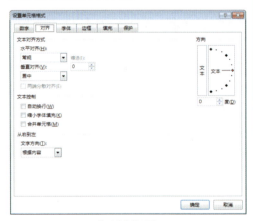

"对齐"选项卡

（1）文本方向

有些表格中的文本需要具有一定倾斜角度，这就需要通过"对齐"选项卡中的"方向"功能来进行设置。

在"对齐"选项卡的"方向"区域中，选择所需倾斜角度值，或在下方的微调文本框内输入角度值，单击"确定"按钮即可完成操作。

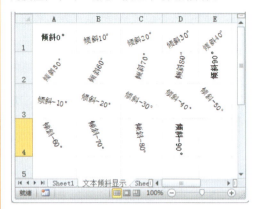

文本倾斜显示效果

用户也可将文本设置为"竖排文本方向"，但需要注意"竖排文本"与"垂直角度"文本之间的区别。

"竖排文本"是将文本由水平排列状态转换为竖直排列状态，其中的每一个字符仍保持水平显示。多行排列的方式（实际显示为多列）从右向左。

"垂直角度"文本是将文本依照字符排列的直线方向垂直旋转90°或-90°后形成的垂直显示文本，其每一个字符都相应地旋转了90°。在90°垂直的情况下，多行文字（实际显示为多列）从左到右排列。而-90°垂直的情况下，多行文字从右向左排列

竖排文本方式与倾斜角度的文本方向不可同时使用。两者的不同显示效果。

"竖排"与"垂直"的显示效果

（2）文本对齐方式

文本对齐方式可分为"水平对齐"和"垂直对齐"两大类，下面将对其进行详细地介绍。

- 水平对齐是指设置文本内容，调整文字的水平间距，使段落或者文章中的文字沿水平方向对齐的一种对齐方式，用户可根据需要进行相应选择。

- 垂直对齐是指段落或者文章中的文字沿垂直方向对齐的一种对齐方式，此方式一般在行高较高时有明显效果。

（3）文本控制

文本控制方式主要包括"自动换行"、"缩小字体填充"及"合并单元格"三种。

当文本内容过长以致超出单元格范围时，勾选"自动换行"复选框，则可使文本内容分为多行显示。此时如果调整单元格宽度，文本内容的换行位置也随之调整。

如果勾选"缩小字体填充"复选框，可使文本内容自动缩小，以适应单元格的大小。但是这种缩小填充并不会改变原有的字号大小，一旦单元格有足够的空间，其中的内容仍会以原字号显示。

"自动换行"与"缩小字体填充"显示效果。

对比显示效果

合并单元格是将多个单元格合并成一个单元格的操作，如设置工作表的标题内容。其方法为：选中多个连续单元格后，打开"设置单元格格式"对话框，切换至"对齐"选项卡，然后勾选"合并单元格"复选框，单击"确定"按钮完成合并操作。

3 设置字体字号

为了使工作表中的数据内容更加整洁美观，用户可对其字体、字号进行设置。在Excel 2013版本中默认的字号为"宋体"、"10"。下面将对默认字体、字号的设置进行介绍。

步骤01 打开工作表，单击"文件"标签，然后选择"选项"选项，即可打开"Excel选项"对话框。

打开"Excel选项"对话框

步骤02 切换至"常规"选项面板，在"新建工作簿"时选项区域中设为默认的字体样式和字号大小。

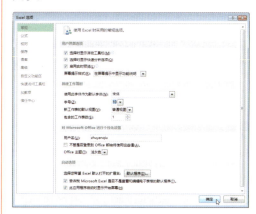

"Excel选项"对话框

步骤03 单击"确定"按钮，重新打开Excel后，该设置才可会生效。此时新建工作簿中的单元格都将以此标准作为字体的默认格式。

除此之外，用户还可以在"设置单元格格式"对话框中的"字体"选项卡下，对字体作进一步的设置，如设置单元格文本的字体类型、字号大小、字形和字体颜色等。

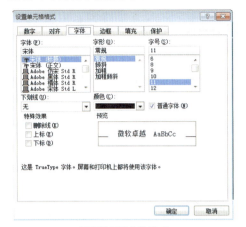

设置单元格字体格式

该对话框中各选项的含义介绍如下：

- "字体"：该选项列表可以为文本内容设置不同的字体样式。
- "字形"：该选项列表可设置文字显示为"常规"、"加粗"、"倾斜"或"加粗倾斜"等。
- "字号"：该选项列表可设置字体大小，除了列表显示的字号外，用户也可直接在上方文本框内输入字号的磅数。

- "下划线"：默认设置为"无"，在下拉列表中可添加"单下划线"、"双下划线"、"会计用单下划线"或"会计用双下划线"。普通的下划线只在文字内容下方显示线条，而会计用的下划线类型的位置更靠下一些，且会在包含文本内容的整个单元格宽度上显示下划线条。对于纯数值型数据，会计用下划线只显示在数字下方。
- "颜色"：可在其下拉调色板中为字体设置颜色。其中可选择范围包括"自动"以及调色板中的56种颜色。
- "删除线"：在单元格内容上显示横穿过内容的直线，表示内容被删除之意。也可按 Ctrl + 5 组合键快速地为单元格内容添加删除线。
- "上标"：将文本中内容显示为上标形式，效果如"X^2"中的平方符号显示。
- "下标"：将文本中内容显示为下标形式，效果如"O_2"中的2所示。

这些字体格式选项的设置，在更改后都会在选项卡的"预览"区域内实时显示具体效果，用户可以根据预览效果来决定是否应用当前所设置的字体格式。若勾选"普通字体"复选框，则字体设置将会恢复到之前的默认格式状态。

2.4 数据填充

在Excel表格中填写数据时，经常会遇到一些在结构上有规律的数据，例如1997、1998、1999；星期一、星期二、星期三等。对于这些数据可以采用填充功能，将其自动输入到一系列的连续单元格中。填充功能是通过"填充柄"或者"序列"对话框来实现的。单击所需单元格或选择某单元格区域时，选取框右下角将出现一个黑点，该黑点为填充柄；在"开始"选项卡下的"编辑"选项组中，单击"填充"下三角按钮，选择"序列"选项，即可打开"序列"对话框。

2.4.1 数字序列填充

数字的填充有三种方式可选择：等差序列、等比序列、自动填充。以等差或者等比序列方式填充需要输入步长值（步长值可以是负值，也可以是小数，不一定非要是整数）、终止值（如果所选范围还未填充就已经到终止值，那么余下的单元格将不再填充；如果填充完所选区域还未达到终止值，则到此为止）。

自动填充功能的作用是，将所选范围的单元全部用初始单元格的数值填充，也就是用来填充相同的数值。

例如从工作表初始单元格A1开始沿列方向填入20、25、30、35、40这样一组数字序列，这是一个等差序列，初值为20，步长为5，可以采用以下几种方法填充。

1 鼠标拖拽法

拖拽法是利用鼠标按住填充柄向上、下、左、右四个方向的拖曳，来填充数据，其方法具体操作如下：

步骤 01 在初始单元格A1中输入20，其后在单元格A2中输入25，用鼠标选中A1：A2单元格区域右下角的填充柄。

选择填充柄

步骤 02 按住鼠标左键向下拖拽至单元格A5，即可完成数据的填充。

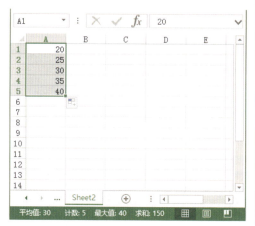

完成填充

2 利用"序列"对话框

在初始单元格A1中填入20，执行"开始>编辑>填充>序列"命令，在"序列"对话框中，将"序列产生在"设为"列"，将"类型"设为"等差序列"，将"步长值"设为5，将"终止值"设为40，单击"确定"按钮，即可完成填充。

"序列"对话框

3 利用快捷菜单

在初始单元格A1中输入20，选中该单元格填充柄，按住鼠标右键向下拖拽至A5单元格，松开鼠标，此时在打开的列表中，选择"序列"选项，即可打开"序列"对话框进行设置。

右键菜单

2.4.2 日期序列填充

日期序列包括日期和时间，当初始单元格中的数据格式为日期时，可利用"序列"对话框进行自动填充。将"类型"设为"日期"，在"日期单位"选项区域中有4种单位可按步长值进行填充选择："日"、"工作日"、"月"、"年"。

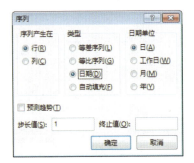

日期序列

如果选择"自动填充"功能，无论是日期还是时间，其填充结果相当于按日步长值为1的等差序列填充。另外利用鼠标拖拽填充结果与"自动填充"的结果相同。

2.4.3 文本填充

在涉及文本填充时，需注意以下三点：

1 文本中没有数字

当文本中没有数字时，填充操作都是复制初始单元格内容，而在"序列"对话框中只有"自动填充"功能有效，其他选项皆无效。

2 文本中全部为数字

当在文本单元格格式中，数字作为文本处理的情况下，填充时将按照等差序列进行。

3 文本中含有数字

当文本中含有数字时，无论用何种方法填充，字符部分不变，而数字则按照"等差序列"、"步长值"为1填充。如果文本中仅含有一个数字，数字按等差序列变化，与数字所处的位置无关；当文本中有两个或两个以上数字时，只有最后面的数字才能按等差序列变化，其余数字不发生变化。

例如，初始单元格的文本为"第4页"，从初始单元格开始向右或向下的填充结果为"第5页"、"第6页"……；从初始单元格开始向左或向上的填充结果为"第3页"、"第2页"……。如初始单元格的文本为"（3）2班第4名"，向下填充时其填充结果为"（3）2班第5"、"（3）2班第6名"……。

2.5　查找与替换数据

查找与替换是编辑处理过程中经常执行的操作，在Excel中除了可查找和替换文字外，还可查找和替换公式和附注，其应用更为广泛，进一步提高了编辑处理的效率。利用这些功能，用户能够迅速地查找到除了Visual Basic 模块以外的，工作表中所有的特殊字符的单元格。用户可以在工作表的一个选定区域中，或者在一张工作表或工作表组的当前选定区域中，用另一串字符替换现有的字符，也可寻找和选定具有同类内容的单元格。

2.5.1 查找数据

当需要重新查看或修改工作表中的某一部分内容时，可以查找和替换指定的任何数值，包括文本、数字、日期，或者查找一个公式、一个附注。我们还可以指定Excel只查找具有某种大写格式的特殊文字，下面具体介绍查找的操作步骤：

步骤01 打开工作表，选择要查找数据的列，在"开始"选项卡下"编辑"选项组中单击"查找和选择"下三角按钮，选择"查找"选项。

选择"查找"选项

步骤02 打开"查找和替换"对话框，在"查找"选项卡下的"查找内容"文本框中输入要查找的数据内容，单击"查找全部"按钮。

"查找和替换"对话框

步骤03 在"查找和替换"对话框的下方会显示出查找的结果，单击其中一个结果，就会在工作表中选中该单元格。

查找结果

2.5.2 替换数据

替换命令与查找命令类似，是将查找到的字符串转换成新的字符串，以便于对工作表进行编辑。下面介绍替换数据的具体操作步骤：

步骤01 打开工作表，执行"开始＞编辑＞查找和选择＞替换"命令。

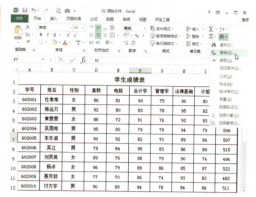

"替换"命令

步骤02 打开"查找和替换"对话框，在"替换"选项卡下的"查找内容"和"替换为"文本框中输入相应的内容，单击"全部替换"按钮。

输入替换内容

步骤03 弹出Microsoft Excel提示框，提示用户"全部完成。完成1处替换"，单击"确定"按钮。

Microsoft Excel提示框

步骤04 返回到"查找和替换"对话框，单击"关闭"按钮。

关闭"查找和替换"对话框

步骤 05 返回到工作表，即可看到被替换的单元格内容已经更改。

替换后的单元格

2.6 文本批注

在Excel里，批注是一个很常用的小功能，我们可以用它来插入一些文本提示，也可以作为存放图片的容器。

2.6.1 插入批注

有时候我们会在Excel单元格中添加大量的数据，结果会导致我们连自己也分不清一些数据的用意，这时就需要给Excel插入批注，并且写上批注的内容。将鼠标放到加批注的单元格上，就可以清楚地看到备注的说明。下面介绍插入批注的具体操作方法：

步骤 01 打开工作表，选择需要插入批注的单元格，切换至"审阅"选项卡，单击"批注"选项组中的"新建批注"按钮。

替换后的单元格

步骤 02 这时可以看到，在该单元格旁边会弹出一个文本编辑框，用户根据实际需要在编辑框中输入批注内容即可。

输入批注内容

2.6.2 编辑批注

在Excel中，用户可以通过插入批注来对单元格添加批注，插入批注后还可以编辑批注中的内容，其操作步骤如下：

步骤 01 打开工作表，选择包含需要编辑批注的单元格，执行"审阅>批注>编辑批注"命令。

步骤 02 工作表中会显示出该批注的文本编辑框，用户可以在该编辑框中编辑批注内容。

单击"编辑批注"按钮

编辑批注内容

2.7 保存工作簿

养成良好的保存文件习惯，对于经常长时间使用工作簿的用户来说具有重大意义，经常性的保存工作簿可以避免因用户大意错误关闭工作簿、系统崩溃等故障而造成的损失。下面将介绍几种常见的保存工作簿的方法。

2.7.1 保存新建工作簿

在对新建的工作簿实施首次保存时，系统将要求设置其保存路径，具体操作介绍如下：

步骤 01 单击快速访问工具栏中的"保存"命令，或者执行"文件>保存"命令。

步骤 02 双击"计算机"选项，弹出"另存为"对话框，设置好工作簿的保存路径、文件名及保存类型，单击"保存"按钮即可。

选择"另存为"选项

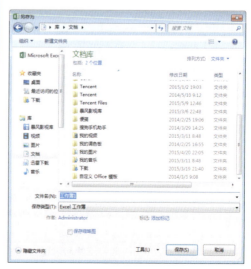

设置另存为参数

2.7.2 另存为工作簿

"保存"和"另存为"命令的功能对于新创建的工作簿来说,进行第一次保存操作时是完全相同的。但是,对于之前已经保存过的工作簿来说,再次执行保存操作时,这两个命令是不同的。

另存为工作簿的具体操作为:首先执行"文件>另存为"命令。

选择"另存为"选项

双击"计算机"选项,在"另存为"对话框中,设置文件的保存路径和名称,单击"保存"按钮。

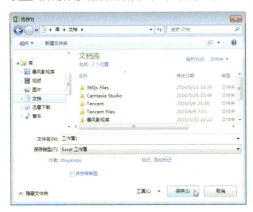

"另存为"对话框

2.7.3 设置自动保存

自动保存功能是为了在用户遭遇断电、系统崩溃等意外情况下导致Excel工作窗口非正常关闭后,将用户的损失降至最小,Excel软件提供了"自动保存"功能。下面介绍如何设置Excel自动保存。

步骤01 执行"文件>选项"选项,打开"Excel选项"对话框。

执行"选项"选项

步骤02 切换至"保存"选项面板,并在右侧区域中,勾选"保存自动恢复信息时间间隔"及"如果我没保存就关闭,请保存上次自动保留的版本"复选项。

在"保存"选项面板中进行设置

步骤03 系统默认的自动保存恢复时间间隔是10分钟,用户可通过调节"保存自动恢复信息时间间隔"数值框来改变自动保存时间。设置完成后单击"确定"按钮即可。

高手妙招

巧妙设置文档的自动保存时间

设置恰当的自动保存时间是很必要的。间隔太长会,会导致文档意外关闭后,用户所做的工作大量流失。而间隔时间太短,则会大量占用计算机内存,影响计算机处理速度。

2.7.4　恢复自动保存的文件

Excel 2013自动恢复功能是指将工作簿恢复至最后一次自动保存的状态，不能恢复至电脑关机时工作簿的状态。

下面将对恢复自动保存的文件的操作步骤进行介绍。

步骤 01 打开关机前没来得及保存的工作簿，在工作簿的左侧会出现"文档恢复"窗格。

"文档恢复"窗格

步骤 02 在"可用文件"列表框中单击最近保存的文件，即可恢复至最后一次保存的状态。

选择文件

步骤 03 执行"文件>另存为"命令，双击"计算机"选项，将打开"另存为"对话框。

双击"计算机"选项

步骤 04 在弹出"另存为"对话框中，设置文件的保存路径、"文件名"和"保存类型"后，单击"保存"按钮。

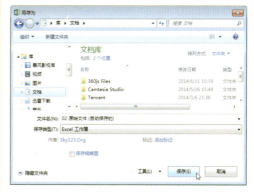

"另存为"对话框

步骤 05 打开该文件夹，可以看到刚刚保存的工作簿。

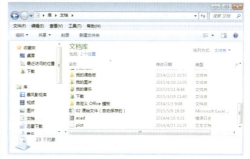

查看保存的工作簿

综合案例 | 创建员工信息表

通过本章的学习，用户对工作簿及工作表的基本操作有了详细地了解，下面利用本章所学的知识来创建一个信息数据表，其操作步骤如下：

步骤 01 打开Excel 2013应用程序，创建一个新的工作簿文档，选择A1单元格，输入文本"员工信息表"作为表头。

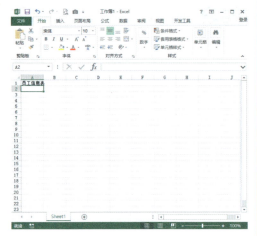

输入工作表的表头

步骤 02 在A2：F2单元格区域中依次输入文本"工号"、"姓名"、"性别"、"所在部门"、"职务"及"入职时间"等行标题。

输入行标题内容

步骤 03 然后在A3和A4单元格中输入员工的工号251001及251002。

输入员工工号

步骤 04 选择A3：A4单元格，用鼠标选中控制手柄向下拖动至A12单元格，填充复制出其他员工的工号。

数据填充

步骤 05 在B3：E12单元格区域中输入相应的文本数据内容。

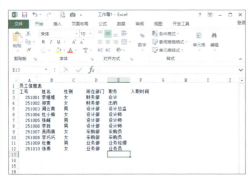

输入数据

控制柄的作用

　　当输入的是单独的数字或文本时，拖拽控制柄可以进行数字或文本的复制；如果是公式，那么控制柄的作用是复制公式，并且查看公式中是绝对引用还是相对引用；如果是等差数列或者是日期，那么填充并可以按照前面两个数值进行计算，并将计算结果显示在左右拖拽的表格中。

步骤 06 在F3：F12单元格中按照日期格式输入所有员工入职的日期。

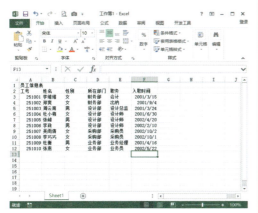

完成日期输入

步骤 07 如果要对工作表中的某一特定内容进行批量替换，则在"开始"选项卡下的"编辑"选项组中单击"查找和选择"下三角按钮，选择"替换"选项。

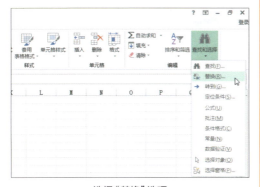

选择"替换"选项

步骤 08 在打开的"查找和替换"对话框中，切换至"替换"选项卡，在"查找内容"文本框中输入要查找内容，在"替换为"文本框中，输入替换内容。

"查找和替换"对话框

步骤 09 单击"全部替换"按钮，在弹出的提示信息对话框，单击"确定"按钮，返回工作表中查看效果。

查看替换效果

步骤 10 设置完成后在键盘上按Ctrl+S组合键，弹出"另存为"对话框，选择文件的存储位置并且输入文件名，单击"保存"按钮，即可完成"员工信息表"文档的创建。

保存文件

工作表的编辑与格式化

当一个电子表格中的数据输入完毕后，就需要对电子表格中的格式进行设置，让它完全符合用户的设计要求。Excel提供了强大的格式化功能，用户使用它可以对已经建立和编辑的工作表进行数据和单元格格式设置等工作，从而使工作表的外观漂亮、重点突出并且易于理解。

本章所涉及到的知识要点：

◆ 单元格的基本操作　　　◆ 设置单元格格式

◆ 使用单元格样式　　　　◆ 套用表格格式

本章内容预览：

隐藏行与列

设置单元格样式

套用表格格式

3.1 单元格的基本操作

工作表是由排成行或列的单元格组成，在对工作表进行编辑的过程中，经常涉及到对单元格内数据的处理、对单元格的处理及对单元格组成的行或列的处理。

3.1.1 插入行与列

用户在工作时，经常需要在表格中添加一些新内容，而这些内容不是添加在表格内容的末尾而是添加在现有表格的中间位置，这就需要用到插入行或者插入列功能。在Excel中，插入行或列的操作方法基本一致，方法有很多种，下面将对常见的方法进行介绍。

方法一： 快捷键插入法。选中要插入行下方的任意单元格，然后按Ctrl+Shift+=组合键即可。

方法二： 功能区按钮插入法。选择要插入列中的任意单元格，在"开始"选项卡下的"单元格"选项组中单击"插入"下三角按钮，选择"插入工作表列"选项。

选择"插入工作表列"选项

或者选中要插入行数或列数，然后执行"开始>单元格>插入"命令，即可在所选行上方或所选列左方插入行或列。

方法三： 单元格右键菜单插入法。选中要插入行或列的任一单元格，右键单击，在打开的快捷菜单中单击"插入"命令。

单元格右键菜单

在弹出的"插入"对话框中，根据需要选择"整行"或"整列"单选按钮，即可在选定的单元格所在的行上方或列左方插入行或列。

"插入"对话框

方法四： 右键菜单快速插入法。选择要插入行的行数或者列的列数，右键单击，在弹出的快捷菜单中选择"插入"命令，即可在所选行上方或所选的列左方插入行或列。

右键菜单插入行或列

"行高"对话框

<table>
<tr><td>高手妙招</td></tr>
</table>

活用F4键插入或删除行或列

如果需要插入多列或多行单元格，那么无论使用那种方法插入后，直接使用F4键进行单元格的再次插入，十分方便。删除操作方法相同。F4键在Excel中的作用是重复上一次进行的操作。活用该快捷键，在Excel中可以快速完成很多复杂的操作。

3.1.2　更改行高与列宽

通过设置Excel工作表的行高和列宽，可使工作表更具可读性。在Excel工作表中，用户可以将列宽指定为0到255。此值表示在用标准字体（标准字体是指工作表的默认文本字体，标准字体决定了"常规"单元格样式的默认字体）进行格式设置时，单元格中显示的字符数。默认列宽为8.43个字符。如果将列宽设置为0，则隐藏该列。

同样，用户可以将行高指定为0到409。此值以点数（1点约等于1/72 英寸）表示高度测量值。默认行高为12.75点。如果行高设置为0，则隐藏该行。

下面来介绍设置工作表行高和列宽的几种方法。

1 鼠标拖拉法

将鼠标移到行（列）标题的交界处，当光标显示为双向拖拉箭头时，按住左键向需要的方向拖拉，即可调整行高或列宽。

2 鼠标双击法

将鼠标移到行（列）标题的交界处，双击鼠标左键，即可快速将行（列）高（宽）自动调整为最合适的行高（列宽）。

3 功能区命令设置

选中需要设置行高（列宽）的行（列），在"开始"选项卡下的"单元格"选项组中，单击"格式"下三角按钮，选择"行高（列宽）"选项，在弹出的"行高（列宽）"对话框中输入一个合适的数值，单击"确定"按钮即可完成设置。

3.1.3　删除多余的行和列

为了工作表的美观以及内容的简洁，对于多余的行或列，就需要用到行与列的删除操作。下面介绍删除行的具体操作。

在工作表中选择要删除的行，在"开始"选项卡下的"单元格"选项组中，单击"删除"下三角按钮，选择"删除工作表行"选项。

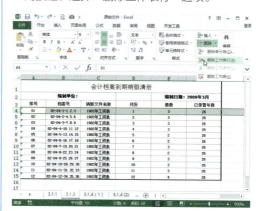

功能区命令删除行

或者单击鼠标右键，在弹出的快捷菜单中选择"删除"命令。

右键菜单删除行

3.1.4 合并与拆分单元格

当合并两个或多个相邻的单元格时，这些单元格就成为一个跨多列或多行显示的大单元格。也可以将合并的单元格重新拆分成多个单元格，即取消单元格合并。但是用户不能拆分未合并过的单元格。

1 合并单元格

将两个或多个单元格合并成一个单元格，叫做合并单元格，合并单元格的方法如下：

方法一：打开工作表，选取需要合并单元格的区域，执行"开始>对齐方式>合并单元格"命令。

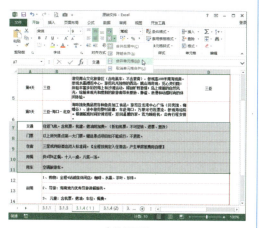

合并单元格

方法二：选中目标区域后，右键单击，在弹出的快捷菜单中选择"设置单元格格式"命令。

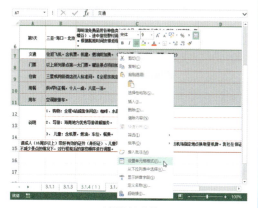

右键快捷菜单

弹出"设置单元格格式"对话框，切换到"对齐"选项卡，勾选"合并单元格"复选框，单击"确定"按钮即可。

"设置单元格格式"对话框

2 拆分单元格

用户还可以将合并的单元格重新拆分成多个单元格，但是不能拆分未合并过的单元格。具体操作方法如下：

步骤01 打开工作表，选择需取消合并的单元格。

步骤02 右键单击，在弹出的快捷菜单中选择"设置单元格格式"命令，打开"设置单元格格式"对话框。

右键菜单

步骤03 然后切换到"对齐"选项卡，单击"合并单元格"前的复选框，取消对此复选框的勾选，单击"确定"按钮，即可取消单元格的合并。

"设置单元格格式"对话框

此外，还可以选中需要取消合并的单元格，在"开始"选项卡下，单击"对齐样式"选项组中的"合并后居中"下三角按钮，在下拉列表中选择"取消单元格合并"选项。

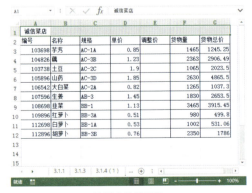

功能区命令

取消合并后的效果。

取消合并单元格

3.1.5 隐藏行与列

对于一些特殊表格，如工资单、人员信息记录等报表，可能需要在打印前隐藏工作表中的"等级"、"出生年月"、"扣费标准"等所在的行或列，而在编辑时又需要将其显示出来，这样重复切换会影响工作效率，这时用户可以通过隐藏行与列将工作简化。

方法一： 功能区按钮隐藏法。

通过功能区按钮可以隐藏行或列，其操作方法如下：

步骤01 单击需要隐藏的行的行标，执行"开始>单元格>格式"命令，选择"隐藏和取消隐藏>隐藏行"选项。

功能区命令

步骤02 此时，该行数据连同行数一起隐藏了。该数据并没有被删除，只是隐藏起来了。

隐藏所选的行

如果想显示所隐藏的行，只需在右键菜单中选择"取消隐藏"命令即可。

方法二： 右键快捷菜单隐藏法。

选择需要隐藏的行或列并右击，从弹出的快捷菜单中选择"隐藏"命令即可。若要取消隐藏行或列，则在右键菜单中选择"取消隐藏"命令。

右键快捷菜单隐藏行

使用两种方法隐藏行或列时，其区别在于：使用右键菜单隐藏行或列时，必须选中整行或整列，右键菜单中才会出现"隐藏"命令；而使用功能区命令则无需考虑该因素。

3.1.6 单元格的隐藏和锁定

在许多种情况中，用户需要将某些单元格或区域的数据隐藏起来，或者将某些单元格或区域"保护"起来，防止泄露机密或者意外的改动数据。Excel单元格的隐藏和保护功能可以帮助用户方便地达到这些目的。

1 单元格和区域的隐藏

在电子表格里，有时我们的一些数据信息不想让别人看到，怎么办呢？这时就需要用到单元格的隐藏功能。其具体操作方法如下：

步骤 01 打开工作表，选择需要隐藏内容的单元格或单元格区域，单击鼠标右键，在弹出的快捷菜单中选择"设置单元格格式"命令。

右键快捷菜单

步骤 02 在打开的对话框中，切换至"保护"选项卡，勾选"隐藏"复选框，单击"确定"按钮。

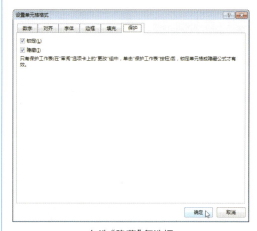

勾选"隐藏"复选框

步骤 03 执行"审阅>更改>保护工作表"命令。

单击"保护工作表"按钮

步骤 04 打开"保护工作表"对话框，勾选"选定锁定单元格"以及"选定未锁定的单元格"复选框后，单击"确定"按钮。

"保护工作表"对话框

经过上面的操作，即可完成单元格内容的隐藏。用户也可以在"保护工作表"对话框中设定保护密码，进一步提高隐藏设置的安全性。若取消单元格内容的隐藏状态，可执行"审阅>更改>撤销工作表保护"命令，如果之前设置了保护密码，此时需要提供正确的密码才能撤销其保护状态。

2 锁定单元格

Excel 2013的保护功能提供了比以前的版本更为丰富的选项设置，这为用户进行单元格区域、工作表及工作簿的保护工作提供了更多的操作选择。

对于单元格区域的保护功能，主要有以下几种方式：

（1）禁止选定：用户不可选定设置了保护的单元格或区域，由此无法对单元格内容进行编辑修改，也不可以对单元格进行格式设置、插入批注等其他操作。其操作步骤如下：

步骤 01 单击"全选"按钮，选定当前工作表中的所有单元格。

全选工作表

步骤 02 按下快捷键Ctrl+1，打开"设置单元格格式"对话框，在"保护"选项卡中取消勾选"锁定"复选框后，单击"确定"按钮。

取消勾选"锁定"复选框

步骤 03 再选择需要设置保护的单元格区域，打开"设置单元格格式"对话框，在"保护"面板中勾选"锁定"复选框。

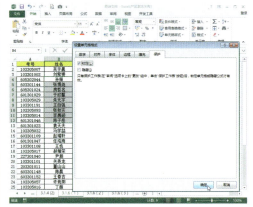

勾选"锁定"复选框

步骤 04 执行"审阅>更改>保护工作表"命令，打开"保护工作表"对话框，取消勾选"选定锁定单元格"复选框，同时勾选"选定未锁定的单元格"复选框，单击"确定"按钮。如有必要，用户可以在"保护工作表"对话框中设置保护密码，此密码用于撤销工作表保护状态。

这样设定保护状态后，设置单元格格式为"锁定"状态的所有单元格和区域将不可被选定和访问，实现了保护其中数据及格式等内容免受更改的目的。

"保护工作表"对话框

（2）可选定但不可编辑：用户可以选定受保护的单元格和区域，但禁止用户对单元格内容进行编辑修改。

如果要将单元格或区域的保护状态设置为"可选定但不可编辑"状态，可以在"保护工作表"对话框中勾选"选定锁定单元格"复选框。此时用户可以选中单元格格式设置为"锁定"状态的单元格和区域，但当试图对其进行更改时会弹出警告窗口，提示单元格已被锁定保护。

（3）可选定并且凭密码或权限进行编辑：用户可以选定受保护的单元格和区域，但若需要对单元格进行编辑操作时，需要输入相应的密码。也可设定特定用户无需密码即可进行编辑操作。

在上面第二种保护方式的基础上，用户也可对锁定状态下的某些单元格或区域的编辑权限进行进一步设置，让拥有密码的用户或者以某些Windows帐号登录的用户可对单元格和区域内容进行编辑更改，设置方法如下：

步骤 01 选定需要设置保护的单元格或单元格区域，打开"设置单元格格式"对话框，在"保护"选项卡下勾选"锁定"复选框，单击"确定"按钮。

勾选"锁定"复选框

步骤 02 执行"审阅>更改>允许用户编辑区域"命令。

单击"允许用户编辑区域"按钮

步骤 03 打开"允许用户编辑区域"对话框，单击"新建"按钮。

单击"新建"按钮

步骤 04 打开"新区域"对话框，单击"引用单元格"后面的折叠按钮。

"新区域"对话框

步骤 05 在工作表中选择引用的单元格区域。

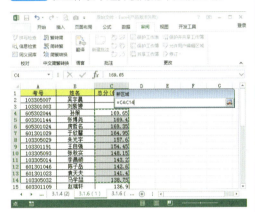

选择区域

步骤 06 回到"新区域"对话框，在"区域密码"数值框中输入保护密码，单击"确定"按钮。

输入保护密码

步骤 07 弹出"确认密码"对话框，再次输入保护密码，单击"确定"按钮。

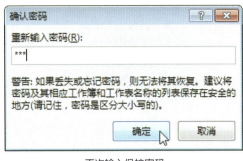

再次输入保护密码

步骤 08 返回到"允许用户编辑区域"对话框，单击"保护工作表"按钮。

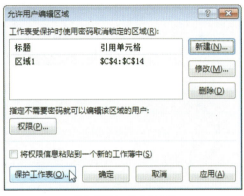

单击"保护工作表"按钮

步骤 09 打开"保护工作表"对话框，勾选"选定锁定单元格"以及"选定未锁定的单元格"复选框，单击"确定"按钮，即可完成设置。

"保护工作表"对话框

步骤10 完成以上单元格保护设置后，当用户再试图对保护的单元格或区域内容进行编辑操作时，会弹出的"取消锁定区域"对话框，要求用户提供密码。只有在输入正确密码后才能对其进行进一步操作。

"取消锁定区域"对话框

3.2 设置单元格格式

与Microsoft Word一样，在Excel中也能设置文字的格式，用户可以设置表格中与数据信息相关的属性。

3.2.1 设置数据类型

在"设置单元格格式"对话框中，用户可以根据需要设置多种数据类型，表3-1中介绍了常用数据类型。

表3-1　数据类型

数据格式	介绍
常规	该单元格格式不包含任何特定的数字格式
数值	该格式用于一般数字的表示，包括小数位数、是否使用千位分隔符以及将用于负数的格式
货币	该格式用于表示一般货币数值，包括小数位数、用于货币的符号以及将用于负数的格式
会计专用	该格式可对一列数值进行货币符号和小数点设置，包括小数位数设置以及货币的符号选择
日期	该格式将日期和时间系列数值显示为日期值，在该选项的"类型"列表中可选择日期的样式
时间	该格式将日期和时间系列数值显示为时间值，在该选项的"类型"列表中可选择时间的样式
百分比	将现有的单元格值乘以100，然后在结果后显示一个百分号%。如果首先设置单元格的格式，之后键入数字，那么只有0-1之间的数字会乘以100，唯一的选项就是小数位数
分数	在"类型"列表中选择分数的样式。如果载入值之前没有将单元格设置为分数格式，则可能需要先在分数之前先键入一个0或者空格

续　表

数据格式	介绍
科学计数	唯一的选项是小数位数的设置
文本	设置为文本格式的单元格会将用户键入的任何内容都视为文本，其中包括数字
特殊	在"类型"列表中包括："邮政编码"、"中文小写数字"或"中文大写数字"

3.2.2 设置对齐方式

在Excel 2013中，单元格的对齐方式包括左对齐、居中、右对齐、顶端对齐、垂直居中、底端对齐等多种方式，用户可以根据需要进行设置。

方法一： 在Excel 2013"开始"选项卡下设置单元格对齐方式，方法如下。

选择需要设置对齐方式的单元格，在"开始"选项卡下的"对齐方式"选项组中，根据需要选择不同的单元格对齐方式。

功能区命令

方法二： 使用"设置单元格格式"对话框设置对齐方式。

在"设置单元格格式"对话框中，用户可以选择更多单元格对齐方式，实现更高级的设置，具体操作步骤如下：

步骤 01 打开Excel文件，选择需要设置对齐方式的单元格，单击鼠标右键，在弹出的快捷菜单中选择"设置单元格格式"命令。

右键快捷菜单

步骤 02 打开"设置单元格格式"对话框后，切换至"对齐"选项卡，选择合适的对齐方式。

设置对齐方式

操作提示

🔒 **更改文字方向**

Excel表格中的文字可以按要求倾斜任意角度。在"设置单元格格式"对话框中的"对齐"选项卡下，调节"方向"中的角度即可。

步骤 03 单击"确定"按钮，返回工作表中，查看设置对齐方式的效果。

设置居中对齐效果

3.2.3　设置字体字号

默认情况下，新建的Excel 2013工作表会使用10号字作为默认字号。用户可以根据实际需要修改Excel 2013的默认字体字号，操作步骤如下：

步骤 01 打开Excel 2013工作簿，执行"文件 > 选项"命令。

执行"文件>选项"命令

步骤 02 打开"Excel选项"对话框，在"常规"选项面板中，设置"新建工作簿"时使用的字体和字号，完成后，单击"确定"按钮。关闭并重新打开Excel 2013工作簿，新设置即会生效。

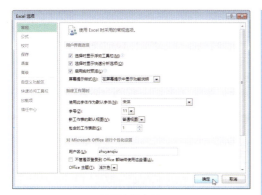

设置字体字号

3.2.4 设置自动换行

在Excel单元格中输入数据时，如果不使用手动换行，文字会超出单元格的宽度，用户可以将光标放在需要换行处，使用Alt+Enter组合键进行手动换行。用户还可以设置更多的换行设置，下面具体介绍如何在Excel中实现"自动换行"。

步骤01 打开Excel表格，选中需要自动换行的单元格区域，单击右键，在弹出的快捷菜单中选择"设置单元格格式"命令。

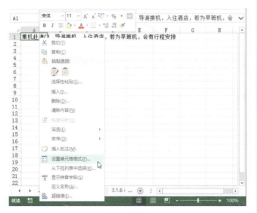

右键菜单

高手妙招

自动换行注意事项
只有被选中的单元格区域才可以自动换行，其他单元格如有需要，仍需要选中并进行设置才可以。

步骤02 在"设置单元格格式"对话框中，切换到"对齐"选项卡，在"文本控制"区域勾选"自动换行"复选框。

勾选"自动换行"复选框

步骤03 单击"确定"按钮，返回工作表中查看自动换行效果。

查看自动换行效果

3.2.5 为单元格添加填充色

在Excel中，为了突出某一部分数据，用户可以对单元格设置单元格填充色，下面介绍为单元格添加填充颜色具体方法。

方法一： 使用功能区命令

步骤01 选择要添加填充色的A2:D2单元格区域，在"开始"选项卡下，单击"单元格"选项组的"格式"下三角按钮，选择 "设置单元格格式"选项。

选择功能区命令

步骤 02 打开"设置单元格格式"对话框，在"填充"选项卡的"背景色"区域选择合适的颜色，在下方的"示例"区域会显示所选择的颜色。

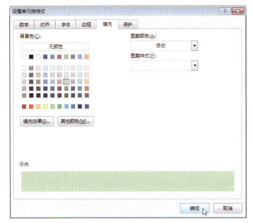

选择颜色

步骤 03 单击"确定"按钮，完成单元格填充颜色的添加，返回工作表中查看设置效果。

查看添加填充颜色效果

方法二： 使用右键快捷菜单

选择要添加填充色的单元格，单击鼠标右键，选择"设置单元格格式"命令，打开"设置单元格格式"对话框，后面的操作同方法一相同。

3.2.6 格式刷复制单元格格式

使用"格式刷"功能可以将Excel 2013工作表中选中区域的格式快速复制到其他区域，用户既可以将被选中区域的格式复制到连续的目标区域，也可以将被选中区域的格式复制到不连续的多个目标区域。

1 使用格式刷将格式复制到连续的目标区域

使用格式刷复制格式到连续单元格区域的操作方法如下：

步骤 01 打开工作表，选中含有格式的单元格或单元格区域，在"开始"选项卡下，单击"剪贴板"选项组中的"格式刷"按钮，则该单元格处于选中状态，鼠标指针变成一个加号和小刷子。

单击"格式刷"按钮

高手妙招

格式刷不能使用怎么办

如果发现格式刷是灰色的，无法选择，那么用户需要检查当前进入的是不是单元格的编辑状态。用户在使用格式刷时，只需单击该数据源单元格即可使用格式刷完成格式复制，而不能进入到该数据源单元格的编辑状态。

步骤 02 选中要复制格式的单元格，即可将所选单元格设置相同的格式。

查看复制效果

2 使用格式刷将格式复制到不连续目标区域

如果需要将Excel 2013工作表所选区域的格式复制到不连续的多个区域中，操作步骤如下：

步骤 01 选中含有格式的单元格区域，然后双击"开始 > 剪贴板 > 格式刷"按钮。

双击"格式刷"图标

步骤 02 然后选中需要复制格式的不连续的目标区域，即可将相同格式应用到多个区域。

查看复制效果

步骤 03 若要退出格式刷模式，则再次单击"格式刷"按钮。

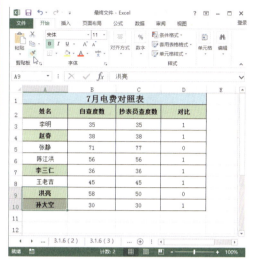

退出格式刷

操作提示

关于格式刷选择区域

使用格式刷选中的目标区域和原始区域的大小必须相同。

3.3 使用单元格样式

单元格样式是指一组特定单元格格式的组合。使用单元格样式可以快速对应用相同样式的单元格或单元格区域进行格式化，从而提高工作效率并使工作表格式规范统一。

3.3.1 快速设置单元格样式

Excel预置了一些典型的单元格样式，用户可以直接套用这些样式来快速设置单元格样式，其具体操作如下。

选中需要设置单元格样式的单元格或单元格区域，在"开始"选项卡下的"样式"选项组中，单击"单元格样式"下三角按钮，在下拉列表中选择合适的单元格样式完成设置。

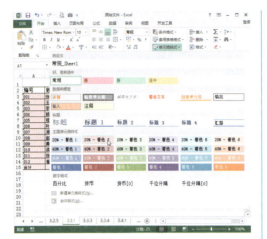

打开"单元格样式"列表

3.3.2　修改单元格样式

　　如果用户希望修改某个内置的单元格样式，可以在该样式上单击鼠标右键，在弹出的快捷菜单中选择"修改"命令。

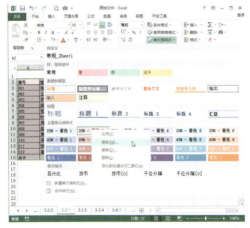

右键菜单命令

　　打开"样式"对话框，根据需要对其"数字"、"对齐"、"字体"、"边框"、"填充"、"保护"等单元格格式进行修改，最后单击"确定"按钮即可。

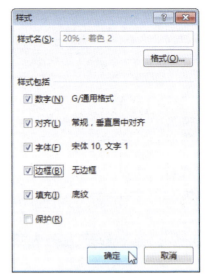

修改单元格样式

3.3.3　自定义单元格样式

　　在Excel工作表中，用户可以通过内置的单元格样式对单元格进行快速设置，当内置的样式不能满足用户需求时，用户还可以自定义新的单元格样式。

　　下图是某公司的一份未进行格式设置的数据清单，按照公司文件规范要求：

未设置单元格样式的工作表

　　表格行标题采用Excel内置的"标题2"样式；"项目名称"和"规格参数"数据应采用字体为"微软雅黑"、10号字，水平及垂直方向都为居中；"数量"以及"单价（元）"数据应采用字体为Arial Narrow、10号字，并应用"浅灰色"底色；"总价（元）"应采用字体为Arial

Narrow、10号字，使用千分号位，不保留小数，并应用"浅灰色"底色；"合计"栏内采用内置的"汇总"样式。

步骤 01 在"开始"选项卡下的"样式"选项组中，单击"单元格样式"按钮，在下拉列表中选择"新建单元格样式"选项。

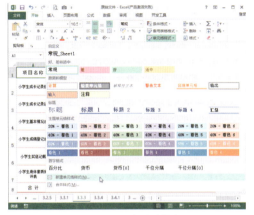

选择"新建单元格样式"选项

步骤 02 在对话框中"样式名"文本框中输入"项目名称"，再单击"格式"按钮。

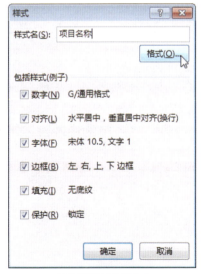

创建"项目名称"样式

步骤 03 打开"设置单元格格式"对话框，按照上述规定进行设置，设置完成后单击"确定"按钮。

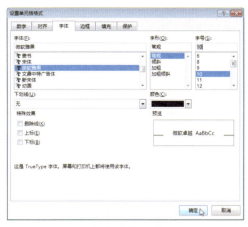

设置单元格格式

步骤 04 按照步骤2、3的方法，建立名为"规格参数"的样式。

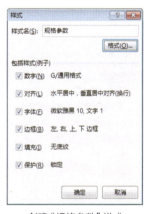

创建"规格参数"样式

步骤 05 按照步骤2、3的方法，建立名为"数量"的样式。

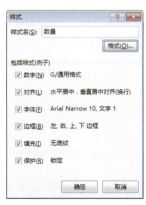

创建"数量"样式

步骤 06 按照步骤2、3的方法，建立名为"单价（元）"的样式。

创建"单价（元）"样式

步骤 07 按照步骤2、3的方法，建立名为"总价（元）"的样式。

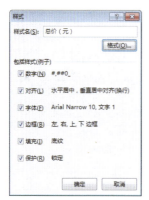

创建"总价（元）"样式

步骤 08 按照步骤2、3的方法，建立名为"合计"的样式。

创建"合计"样式

步骤 09 创建完成后，在样式下拉列表上方会出现"自定义"样式选区，其中就包括刚才新建的自定义样式名称。

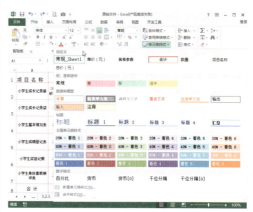

"自定义"样式选区

步骤 10 分别选中数据清单的列标题、各列数据以及合计栏，应用自定义样式分别进行格式化，其效果如下图所示。

使用自定义样式

操作提示

样式复选框与格式按钮的关系

样式复选框中出现的内容就是在"格式"按钮启动时，所出现的对话框中的内容。用户在设置后，可以在"样式"对话框中进行正确性检查。

3.3.4 合并样式

创建的自定义样式，只会保存在当前工作簿中，不会影响到其他工作簿，如果用户需要在其他工作簿中使用当前自定义的样式，可以利用合并样式来实现，具体操作步骤如下。

步骤 01 将含有自定义样式的工作簿作为模板，然后打开需要合并样式的工作簿。在该工作簿中执行"开始 > 样式 > 单元格样式 > 合并样式"命令。

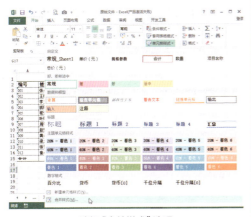

选择"合并样式"选项

在对话框中选择模板

步骤 03 执行"开始 > 样式 > 单元格样式"命令，在打开的下拉列表中，即可看到模板中的自定义样式已经复制到当前工作簿了。

操作提示

自定义样式的实际应用

　　在工作中，用户可以将统一规范要求创建的自定义样式保存为模板文件发放到公司各部门，从而成为公司表格格式的标准，从而有效地提高工作效率。

步骤 02 弹出"合并样式"对话框，在该对话框中选择模板工作簿，单击"确定"按钮。

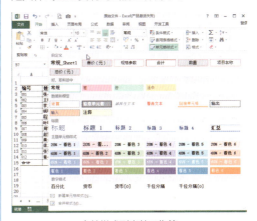

合并样式到当前工作簿

3.4　套用表格格式

　　在设置表格格式时，手动设置能够准确表达用户的意图，但是设置过程比较繁重，为了省时省力地完成设置，用户可以借助Excel的"表格样式"功能。

3.4.1　套用格式

　　Excel 2013中内置了60多种表格样式，用户可以根据需要套用这些预先定义好的格式。为工作表套用预设样式不仅可以美化表格，还可以进行相应的数据运算。下面来介绍其具体操作步骤：

步骤 01 打开工作簿，单击工作表中的任意单元格，在"开始"选项卡下单击"样式"选项组的

"套用表格样式"下三角按钮，在打开的表格样式库中选择需要的表格样式。

操作提示

将表格转换为普通数据表区域

　　创建表格后，用户还可以根据需要，将表格转换为普通数据表区域，方法是：切换至"表格工具-设计"选项卡，单击"工具"选项组中的"转换为区域"按钮即可。

"套用表格格式"下拉列表

步骤 02 在打开的"套用表格式"对话框中设置"表数据的来源"后，勾选"表包含标题"复选框，单击"确定"按钮查看创建的表效果。

"套用表格式"对话框

步骤 03 这时可以看到功能区中出现的"图表工具-设计"选项卡，单击"快速样式"下三角按钮，在打开的下拉列表中可以对表格样式进行更改。

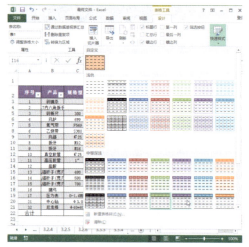

更改表格样式

步骤 04 创建表格格式后，用户还可以进行相应的数据分析。

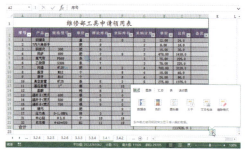

进行数据分析

3.4.2 自定义样式

与单元格样式类似，如果Excel的内置样式满足不了用户的需求，用户可以对表格样式进行自定义，其操作步骤如下：

步骤 01 打开要更改表格样式的工作簿，单击任意单元格，在"表格工具-设计"选项卡下的"表格样式"选项组中，单击"快速样式"下三角按钮，选择"新建表格样式"选项。

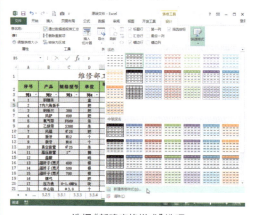

选择"新建表格样式"选项

步骤 02 在打开的"新建表快速样式"对话框中，选择"表元素"列表框中需要更改格式的选项，然后单击"格式"按钮。

步骤 03 打开"设置单元格格式"对话框，在该对话框中进行相应设置，设置完成后，单击"确定"按钮。

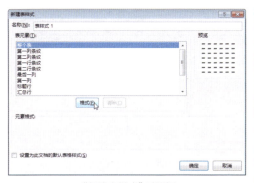

"新建表样式"对话框

设置表格式

步骤 04 依次对"表元素"列表框中的各选项进行设置，设置完成后，单击"确定"按钮，即可完成自定义表样式。返回工作表，在"表格工具—设计"选项卡的"表格样式"下拉列表中会出现新建的样式。

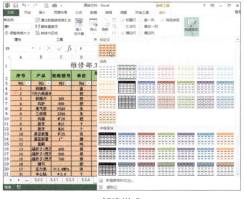

新建样式

3.4.3 撤销套用的样式

撤销已经套用的格式操作是很容易实现的，只需选中表格中任意单元格，切换至"设计"选项卡，单击"表格样式"选项组中的"其他"按钮，在打开的表格样式列表中选择"清除"选项。

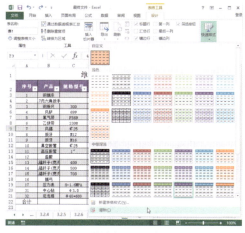

撤销套用的样式

此外，用户也可以选中需清除表格格式的区域，执行"开始 > 编辑 > 清除 > 清除格式"命令。

选择"清除格式"选项

即可完成表格格式的清除。

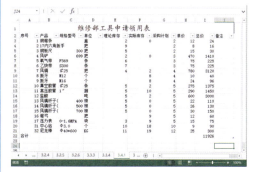

清除表格格式后的效果

综合案例 | 设置员工信息表格式

通过本章的学习，用户可以对单元格的基本操作以及工作表常用操作有了详细的了解，下面以上一章综合案例中创建的"员工信息表"为例，利用本章所学的知识对其格式进行设置，其操作步骤如下：

步骤 01 打开原始文件，选择F3：F12单元格区域，单击鼠标右键，在弹出的快捷菜单中选择"设置单元格格式"命令。

选择"设置单元格格式"命令

步骤 02 弹出"设置单元格格式"对话框，在"数字"选项卡下的"分类"列表中选择"日期"选项，在右侧列表中选择日期的格式，单击"确定"按钮。

选择日期格式

步骤 03 选择A1：F1单元格区域，在"开始"选项卡下的"对齐方式"选项组中单击"合并后居中"按钮，合并所选的单元格区域。

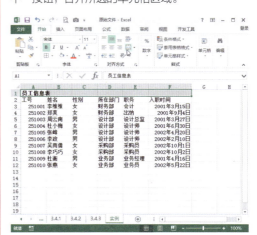

合并单元格

步骤 04 选择A1：F12单元格区域，单击"对齐方式"选项组中的"居中"按钮，设置文本的对齐方式。

设置文本对齐方式

步骤 05 保持单元格的选中状态，单击"字体"选项组的"全部框线"下三角按钮，在下拉列表中选择需要的选项，为表格添加边框。

添加边框

步骤 06 单击"开始>样式>单元格样式"命令，在打开的列表中选择合适的单元格样式，在工作表中可以看到预览效果。

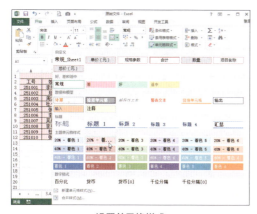

设置单元格样式

步骤 07 单击"开始>样式>套用表格格式"命令，在打开的列表中选择合适的表格样式。

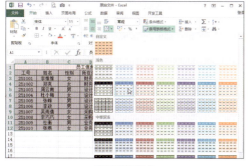

套用表格格式

步骤 08 打开"套用表格式"对话框，取消勾选"表包含标题"选项，单击"选择区域"按钮。

"套用表格式"对话框

步骤 09 在工作表中选择要套用表格样式的单元格区域。

选择区域

步骤 10 返回"套用表格式"对话框，单击"确定"按钮，选择A1：F1单元格区域，单击"字体"选项组中的"加粗"按钮，即可完成工作表格式的设置。

加粗字体

4

Chapter

工作表与工作簿的管理

　　本章将向用户介绍工作表的操作、改变工作簿和工作表的外观、保护工作表和工作簿以及共享工作簿等，让用户在掌握管理工作表和工作簿的基础上，合理地管理自己的电子表格。

本章所涉及到的知识要点：

◆ 新建工作表　　　　◆ 重命名工作表

◆ 移动与复制工作表　◆ 隐藏与显示工作表

◆ 保护工作簿　　　　◆ 冻结窗格

◆ 重排工作簿　　　　◆ 共享工作簿

本章内容预览：

新建工作表

拆分工作表窗口

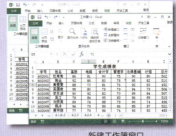

新建工作簿窗口

4.1 工作表的基本操作

工作簿是由工作表组成，工作表的操作在Excel中有着非常重要的作用。下面将介绍工作表基本操作的相关知识。

4.1.1 新建工作表

Excel工作簿中默认只有1个工作表，即Sheet1，用户可根据需要在工作簿中创建更多的新工作表。

新建工作表的方法很简单，只需单击工作表标签栏中的"插入工作表"按钮即可。

单击"插入工作表"按钮

新建的是一个名为Sheet2的空白工作表。

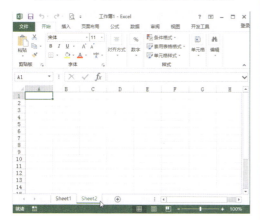

新建工作表

通过这种方法新建的工作表将会排在所有工作表之后，如果要在特定的位置新建工作表，需通过下面的方法进行操作：

步骤 01 打开工作簿，右击工作表标签Sheet 1，在弹出的快捷菜单中选择"插入"命令。

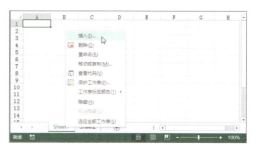

工作表标签右键菜单

步骤 02 弹出"插入"对话框，切换到"常用"选项卡，选择"工作表"选项，单击"确定"按钮。

"插入"对话框

步骤 03 这时工作表Sheet 1前插入了名为Sheet 3的新工作表。

新建工作表

4.1.2　选择工作表

工作簿通常由多个工作表组成，若想对单个或多个工作表操作则必须首先进行选择。选择工作表的方式包括选择单个、相邻多个、相隔多个以及全部工作表等，下面将分别进行介绍。

1 选择单个工作表

单击工作簿中的工作表标签时，将选定该工作表。当工作表的数量比较多时，需要选择的工作表在工作标签上不能完全显示，则可通过单击工作表导航按钮，滚动显示工作表的标签。

单击工作表导航按钮

当工作簿中的工作表特别多时，应用上面的方法选择工作表就变得非常麻烦，这时可以使用下面的方法：

步骤 01 打开含有多个工作表的工作簿后，右击工作表导航按钮。

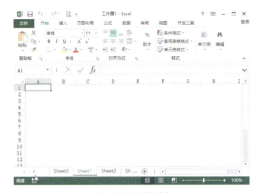

右击工作表导航按钮

步骤 02 弹出"激活"对话框，该对话框列表显示当前工作簿的所有工作表，选择需要的工作表后单击"确定"按钮。

"激活"对话框

步骤 03 可以看到，Excel自动选择了Sheet19工作表。

应用"激活"对话框选择工作表

高手妙招

快速切换不同的工作簿

在日常工作中，经常需要在打开的多个工作簿间来回切换，以便调用数据，此时用户可使用"切换窗口"功能进行操作，其方法为：打开任意一工作簿，执行"视图>窗口>切换窗口"命令，在其列表中，选择所需切换的工作簿名称即可。

切换不同的工作簿窗口

此外，在相邻的两个工作表之间切换，可以用Ctrl+Page up（切换到上一张工作表）组合键和Ctrl+Page Down（切换到下一张工作表）组合键快速切换。

2 选择相邻或相隔的多个工作表

在工作中，用户经常需要选择相邻或相隔的多个工作表，下面介绍具体操作方法。

按住Shift键的同时，单击不相邻的两个工作表标签，选择的是以这两个工作表标签为起始范围的所有工作表。

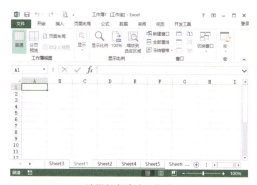

选择相邻多个工作表

如选定两个或两个以上不相邻的工作表，则按住Ctrl键的同时，单击需要的工作表标签，可同时选定多张不相邻的工作表。

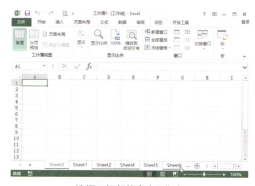

选择不相邻的多个工作表

这时可以看到，工作表的标题后面显示了"[工作组]"字样，表示所选的多个工作表已经组合，单击其他任一未选中的工作表标签即可取消组合。

标题后显示"[工作组]"字样

3 选择全部工作表

用户还可以根据需要选择全部工作表，若工作表签全部显示在标签栏上，则可通过上面介绍的选定相邻多个工作表的方法，将其全部选定。

若需全部选定的工作表数过多时，可以通过下面的方法选择所有工作表。

步骤 01 右击任一工作表标签，在弹出的快捷菜单中选择"选定全部工作表"命令。

快捷菜单命令

步骤 02 可以看到所有工作表已全部选定，若取消全选，则单击任意一个工作表标签即可。

已全选所有的工作表

4.1.3 重命名工作表

为了在工作簿中管理多张工作表，可以对当前创建的工作表重新命名，从而反映出工作表的内容，给操作带来极大的便利。用户可以应用以下几种方法对工作表重命名。

方法一： 双击要命名的工作表标签，此时工作表名称处于可编辑状态，输入新的工作表名称即可。

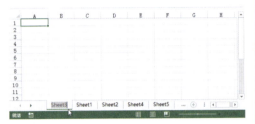

双击工作表标签进行重命名

方法二： 右键单击工作表标签，在弹出快捷菜单中选择"重命名"命令，此时工作表名称处于可编辑状态，输入新的工作表名称即可。

应用菜单命令进行重命名

方法三： 选中要命名的工作表，执行"开始>单元格>格式>重命名工作表"命令，进行工作表重命名。

在功能区中设置重命名

完成以上任何一种操作后，选定的工作表标签都会显示为灰色背景，表示当前工作表标签名称处于编辑状态。然后输入新的工作表名，按回车键或单击工作表标签外任意一处即可。

输入工作表标签名称

操作提示

重命名工作表标签时的注意事项

为工作表重命名时，新名称不得与工作簿内现有工作表重名，工作表标签名不区分英文大小写，并且不能包含下列字符："*"、"/"、":"、"?"、"["、"]"、"\"。

4.1.4 删除工作表

对于不再使用的工作表，为避免其占用工作簿空间，用户可以将其删除。方法有两种，下面将进行简单的介绍。

方法一： 右击想要删除的工作表标签，在弹出的快捷菜单中选择"删除"命令，完成删除工作表操作。

右键菜单删除工作表

方法二： 选择想要删除的工作簿，执行"开始>单元格>删除"命令，在弹出的下拉列表中选择"删除工作表"选项。

功能区删除工作表

4.1.5　移动与复制工作表

在实际操作中，为了更好地共享和组织数据，需要复制或移动工作表。通过复制操作，工作表可以在同一个工作簿或不同工作簿中创建副本；还可以通过移动操作在同一个工作簿中改变工作表排列顺序，也可以在不同的工作簿间移动或复制。下面介绍两种复制和移动工作表的方法。

■ 使用菜单命令复制或移动工作表

使用菜单命令可以在工作簿之间复制或移动工作表，以将"工作簿1"中的"重命名工作表"移动到"工作簿2"的Sheet1之前为例，操作步骤如下。

步骤 01 打开源工作表所在的"工作簿1"，再打开要复制到的"工作簿2"。在"工作簿1"中右键单击"重命名工作表"工作表标签，在弹出的快捷菜单中选择"移动或复制"命令。

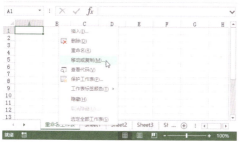

右键单击工作表标签

步骤 02 在"移动或复制工作表"对话框中，从"工作簿"列表框中选择"工作簿2"，然后在

"下列选定工作表之前"列表框中选择Sheet1，若放在最后可选择"（移至最后）"选项，单击"确定"按钮。

"移动或复制工作表"对话框

步骤 03 完成操作后即可看到，已经将"工作簿1"中的"重命名工作表"移到"工作簿2"的工作表Sheet1之前。

移动后的"工作簿2"

步骤 04 而"工作簿1"中的"重命名工作表"工作表则不见了。

移动后的"工作簿1"

2 使用鼠标复制或移动工作表

使用鼠标可以让工作表的复制或移动过程变得更加简单快捷，下面将对过程进行具体介绍。

步骤 01 执行复制操作。在按住Ctrl键的同时，鼠标单击"重命名工作表"并拖动，这时光标将变成一个带加号的小表格，拖曳到要复制或移动的工作表标签Sheet3上即可。

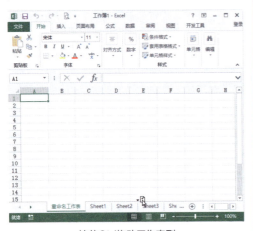

按住Ctrl拖动工作表到

步骤 02 这时"重命名工作表"将复制到Sheet3之前，工作表名称为"重命名工作表（2）"。

复制工作表

用户也可以直接执行移动操作，将"重命名工作表"工作表移到Sheet3前面，具体操作步骤如下。

步骤 01 执行移操作时，不用按Ctrl键，直接拖曳"重命名工作表"工作表，移到Sheet3前面，此时光标变成一个没有加号的小表格。

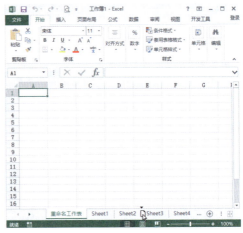

鼠标拖拽至Sheet3位置

步骤 02 松开鼠标后即可完成工作表的移动，这时"重命名工作表"将移动到Sheet3之前。

移动工作表

需要注意的是工作簿之间工作表的复制或移动需要在屏幕上同时显示源工作簿和目标工作薄。

4.1.6 隐藏与显示工作表

若需要将不必要的工作表进行隐藏，可使用隐藏工作表功能进行操作。隐藏后的工作表并不会影响公式的链接。当然用户也可根据需要，将已隐藏的工作表显示出来。

隐藏工作表的方法为：选择要隐藏的工作表Sheet1，右击其标签，在快捷菜单中选择"隐藏"命令。

执行"隐藏"命令

即可隐藏选定的工作表Sheet1。

隐藏工作表

如需要取消隐藏工作表，则右击任一工作表标签，在快捷菜单中选择"取消隐藏"命令。

右键菜单命令

在"取消隐藏"对话框中，选择要取消隐藏的工作表，单击"确定"按钮即可取消隐藏。

"取消隐藏"对话框

4.1.7 更改工作表标签颜色

在Excel 2013中，用户可以根据需要改变工作表标签的颜色，以便更清楚地标识工作表的内容，其操作步骤如下：

步骤 01 选择要设置标签颜色的工作表，单击鼠标右键，在弹出的快捷菜单中选择"工作表标签颜色"命令，在子菜单中选择一种颜色。

右键菜单命令

步骤 02 如果子菜单中没有合适的颜色，则可以选择"其他颜色"选项。

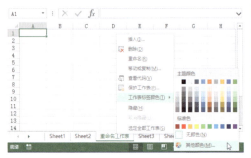

选择其他颜色

步骤 03 打开"颜色"对话框，用户可以在对话框中选择合适的颜色，单击"确定"按钮即可。

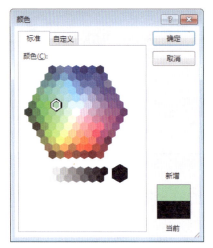

选择颜色

步骤 04 设置完成后，选择该工作表标签旁边的一个标签，可看到该标签的标签颜色已经改变。

更改标签颜色

4.1.8 工作表背景的添加与设置

为了美化当前工作表界面，增强视觉效果，用户可以为当前工作表添加一个漂亮的背景，其

具体操作如下：

步骤 01 打开工作表，切换至"页面布局"选项卡，单击"背景"按钮。

单击"背景"按钮

步骤 02 弹出"插入图片"选项面板，选择要插入背景图片来源，这里选择"来自文件"选项，单击"浏览"按钮。

打开"插入图片"选项面板

步骤 03 弹出"工作表背景"对话框，从中选择合适的图片，单击"插入"按钮。

选择图片

步骤 04 如此操作完成后，即可看到工作表添加了背景的效果。

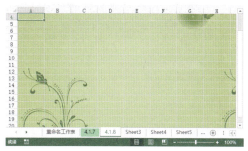

背景填充效果

　　如果用户不希望背景图片在整个工作表中平铺显示，只希望工作表背景在特定的区域显示，可以通过控制单元格的填充颜色来实现，操作步骤如下：

步骤 01 按下快捷键Ctrl+A，选中工作表中的所有单元格，单击鼠标右键，选择"设置单元格格式"命令。

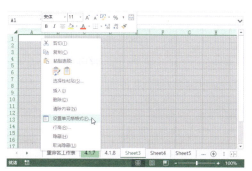

选中所有的单元格

步骤 02 在打开的"设置单元格格式"对话框中，设置填充颜色为"白色"，单击"确定"按钮。

"设置单元格格式"对话框

步骤 03 返回工作表中，选择要设置背景图片的单元格区域，按下快捷键Ctrl+1，再次打开"设置单元格格式"对话框。

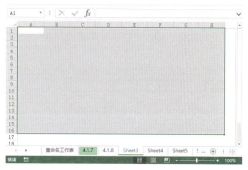

选中需要设置图片背景的单元格区域

步骤 04 在打开的"设置单元格格式"对话框中，设置填充颜色为"无颜色"，单击"确定"按钮。

设置单元格填充颜色

步骤 05 切换至"页面布局"选项卡，单击"背景"按钮，在"工作表背景"对话框中选择背景图片后，可以看到设置后的图片仅应用于所选区域。

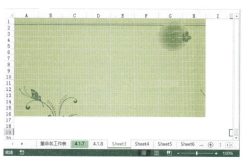

设置部分单元格应用背景图片

4.2 管理工作簿

在处理一些复杂工作时，用户通常会打开多个工作簿，导致需要花费很多精力在切换工作簿、查找浏览及定位所需内容等操作上。为了能够在有限的屏幕区域中显示更多的有效信息以便查询和编辑，用户可以通过多重操作对工作簿进行管理。

4.2.1 打开工作簿

若要打开计算机中保存的工作簿文件，可应用以下几种方法。

方法一： 双击需要打开的工作簿图标，即可打开该工作簿。

方法二： 选择要打开的工作簿并右击，在弹出的快捷菜单中选择"打开"命令。

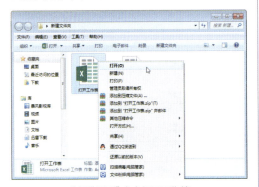

应用"打开"命令打开工作簿

方法三： 使用"打开"对话框，打开需要的Excel工作簿，操作步骤如下。

步骤 01 选择"文件>打开"选项，在"打开"面板中选择"计算机>浏览"选项。

单击"浏览"按钮

步骤 02 在打开的"打开"对话框中，选择需要打开的工作簿，单击"打开"按钮即可。

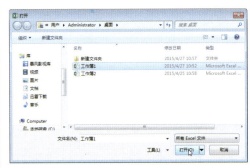

"打开"对话框

多种方式打开工作簿

在打开工作簿时，用户可以以不同的方式打开工作簿，单击"打开"按钮右侧的下三角按钮，在打开的下拉列表中进行选择。

- "以只读方式打开"：打开并进行编辑或修改后，需将工作簿另存为一份新的文档或保存到其他位置；
- "以副本方式打开"：在副本工作簿上进行编辑，不会影响原来的工作簿；
- "在浏览器中打开"：用Web浏览器打开工作簿；
- "在受保护的视图中打开"：有效地保护计算机不受不安全文件损害；
- "打开并修复"：若工作簿由于某种原因被损坏，应用该方式打开，Excel会尝试修复并打开工作簿。

打开方式选项

4.2.2 关闭工作簿

当不需要再使用打开的工作簿时，用户可以关闭工作簿，退出Excel程序。

方法一： 执行"文件>关闭"命令，即可关闭当前工作簿。

在Backstage视图执行"关闭"命令

方法二： 单击标题栏最左端的应用程序图标，在快捷菜单中选择"关闭"命令。

单击标题栏应用程序图标

方法三： 单击标题栏最右端的"关闭"按钮。

单击"关闭"按钮

方法四： 按下键盘中的Alt + F4快捷键，即

可关闭当前工作簿。

4.2.3 保护工作簿

为了保证工作簿的安全性，用户可以对工作簿进行保护，防止工作簿出现意外或被恶意修改、移动或删除等情况。Excel工作簿的保护分为三个层次，分别为：保护工作簿、保护工作表和保护单元格。

1 保护工作簿

保护工作簿可以锁定工作簿的结构以及窗口，防止不必要的更改，如插入、删除、重命名、移动或复制、隐藏或取消隐藏工作表、设置工作表标签颜色以及改变工作表大小等。

步骤01 打开要保护的工作簿后，在"审阅"选项卡下单击"更改"选项组中的"保护工作簿"按钮。

单击"保护工作簿"按钮

步骤02 弹出"保护结构和窗口"对话框，用户可以根据需要勾选"结构"和"窗口"复选框，再输入自己设定的密码，单击"确定"按钮。

输入密码

步骤 03 弹出"确认密码"对话框，用户需要再次输入刚刚设定的密码，单击"确定"按钮。

确认密码

步骤 04 设置完成后，保存并关闭工作簿。再重新打开该工作簿时，右键单击工作表标签，可以看到，"插入"、"删除"、"重命名"等操作命令为不可执行状态。若在"保护结构和窗口"对话框中勾选了"窗口"复选框，则该工作簿的窗口大小会被锁定，不可进行移动及调整窗口大小的操作。

查看保护效果

若取消工作簿保护，则再次单击"审阅"选项卡下的"保护工作簿"按钮，弹出"撤销工作簿保护"对话框，输入设定的密码，单击"确定"按钮。

撤销工作簿保护

2 保护工作表

与保护工作簿不同，保护工作表是保护一个工作簿里面的某一个工作表不被移动或者更改，工作表被保护以后，就会处于只读模式，其操作步骤如下：

步骤 01 打开工作簿，切换到要设置保护的工作表，在"审阅"选项卡下单击"更改"选项组中的"保护工作表"按钮。

单击"保护工作表"按钮

步骤 02 弹出"保护工作表"对话框，在密码输入框中输入取消工作表保护时使用的密码，在"允许此工作表的所有用户进行"列表中勾选需要的复选框后，单击"确定"按钮。

"保护工作表"对话框

步骤 03 在弹出的"确认密码"对话框中再次输入设定的密码，单击"确定"按钮。

密码确认

步骤 04 设置完成后，保存文件并关闭工作簿。重新打开该工作表，双击其中任意单元格，即会弹出一个提示框，提示该单元格受保护，因而是只读的。

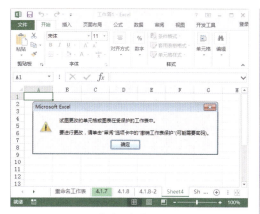

工作表受保护提示

步骤 05 如果用户想要进行修改，就需要先撤销工作表保护。在"审阅"选项卡下单击"更改"选项组中的"撤销工作表保护"按钮，在弹出的"撤销工作表保护"对话框中输入原来设置的密码，单击"确定"按钮即可。

撤销工作表保护

3 保护单元格

有时用户在对Excel工作簿中某些指定单元格加以保护，却又要允许其他人可以修改其他单元格内容，遇到这种情况时，可以将指定的单元格单独进行设置，加以保护，具体操作如下。

步骤 01 打开工作表，选择要进行单独保护的单元格或单元格区域，单击鼠标右键，在弹出的快捷菜单中选择"设置单元格格式"命令。

右键菜单

步骤 02 在"设置单元格格式"对话框的"保护"选项卡下，勾选"锁定"复选框，单击"确定"按钮，即可返回工作表中。

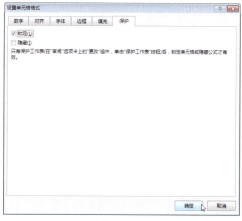

勾选"锁定"复选框

步骤 03 在"审阅"选项卡下单击"更改"选项组中的"保护工作表"按钮。

单击"保护工作表"按钮

步骤 04 在打开的"保护工作表"对话框中，设置相应的保护密码后，勾选"选定未锁定单元格"复选框，再在列表中勾选允许其他人对未锁定单元格进行的操作，如"编辑对象"，以便于其他人对该部分进行编辑。

"保护工作表"对话框

步骤 05 设置完毕后，保存文档，在行数或列数处右键单击，在弹出的快捷菜单中可以看到，一些和编辑有关的命令皆显示为不可操作状态。

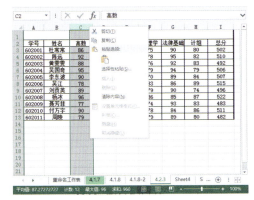

行或列右键菜单

4.2.4 拆分工作表窗口

工作表窗口的拆分分为以下三种方式：水平拆分，垂直拆分和水平、垂直同时拆分。下面以水平拆分为例进行介绍，具体操作方法如下：

步骤 01 打开工作表，单击水平拆分线的下一行的行号或下一行最左列的单元格，切换至"视图"选项卡，单击"窗口"选项组中的"拆分"按钮。

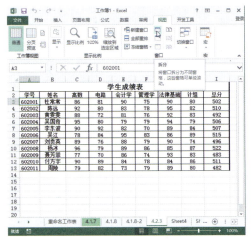

单击"拆分"按钮

步骤 02 操作完成后，在窗口中会出现一条水平粗杠，拖动滚动条查看拆分效果。若要删除窗口拆分，则再次单击"窗口"选项组中的"拆分"按钮。

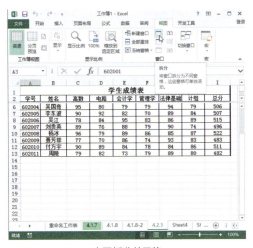

水平拆分单元格

操作提示

其他窗口拆分

垂直拆分须先单击垂直拆分线右一列的列号或右一列最上方的单元格。水平、垂直同时拆分则须单击某一单元格，拆分时在该单元格的上方出现水平拆分线，在其左侧出现垂直拆分线。

4.2.5 冻结窗格

窗口冻结分为冻结拆分窗格、冻结首行和冻结首列3种。使用"冻结窗口"功能可以保持工作表的某一部分在其他部分滚动时保持固定可见。下面以冻结首行为例进行介绍，具体操作方法如下：

步骤 01 打开工作表，切换到"视图"选项卡，在"窗口"选项组中单击"冻结窗格"下三角按钮，选择"冻结首行"选项。

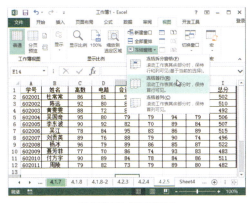

选择"冻结首行"选项

步骤 02 向下拖动垂直滚动条，可以看到首行被锁定了，说明首行已经被冻结，首行标题不随滚动条的滚动而滚动。

已冻结首行

步骤 03 若要撤销冻结窗格，则单击"冻结窗格"下三角按钮，选择"取消冻结窗格"选项。

取消冻结窗格

4.2.6 切换工作簿窗口

当同时打开多个工作簿时，为了工作簿窗口之间方便切换，用户可以应用"切换窗口"功能进行各工作簿窗口之间的切换，下面介绍具体操作方法：

步骤 01 在打开的工作簿中切换至"视图"选项卡，在"窗口"选项组中单击"切换窗口"下三角按钮，在打开的下拉列表中显示出所有已打开的Excel文件，单击选择需要的文件即可。

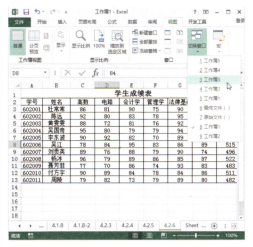

窗口列表

步骤 02 在"切换窗口"下拉列表中最多列出9个工作簿名称，若打开的工作簿个数大于9个，"切换窗口"下拉列表中将包含一个名为"其他窗口"的选项。选择该选项会弹出"激活"对话框。

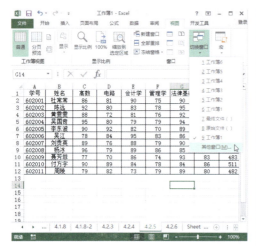

选择"其他窗口"选项

步骤03 在打开的"激活"对话框中，选择需要切换到的工作簿名称，单击"确定"按钮，即可切换至该工作簿。

"激活"对话框

4.2.7　重排工作簿窗口

当打开多个工作簿进行编辑时，若想同时查看所有工作簿，可以使用"重排窗口"功能进行查看，下面介绍操作方法：

步骤01 打开多个工作簿后，在其中一个工作簿中切换至"视图"选项卡，单击"窗口"选项组中的"全部重排"按钮。

单击"全部重排"按钮

步骤02 打开"重排窗口"对话框，在对话框中选择一种排列方式，这里选择"垂直并排"排列方式，单击"确定"按钮。

选择排列方式

步骤03 设置完成后即可看到多个文档的垂直并排效果。

垂直并排排列效果

4.2.8　新建工作簿窗口

Excel允许为一个工作簿打开一个或多个窗口，这样就可以在屏幕上同时显示并编辑操作同一个工作簿的多个工作表，或者是同一个工作表的不同部分。还可以为多个工作簿打开多个窗口，以便在多个工作簿之间进行操作，操作方法如下：

步骤01 启动Excel应用程序，切换至"视图"选项卡，单击"窗口"选项组中的"新建窗口"按钮。

单击"新建窗口"按钮

步骤02 打开的新窗口的内容与原工作簿窗口的内容完全一样，对工作表所做的各种编辑在两个窗口中同时有效。不同的是，原工作簿的窗口是

"工作簿1"，新建工作簿窗口后变为"工作簿1:1"，而新窗口名称为"工作簿1:2"。

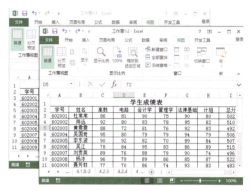

新建工作簿窗口

4.2.9　并排查看

在使用Excel时，经常会出现有两张工作表需要并排查看之间差异的情况，下面介绍具体操作方法：

步骤 01 打开需要并排查看的工作簿，切换至"视图"选项卡，单击"窗口"选项组中的"并排查看"按钮。

"并排比较"对话框

步骤 03 这时可以看到"窗口"选项组中的"同步滚动"按钮已经激活，当用户在其中一个工作簿窗口中滚动浏览内容时，另一个工作簿窗口也会同步滚动，便于比较查看两个工作簿内容。

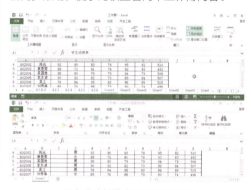

同步滚动并排查看两个工作簿

步骤 04 再次单击"窗口"选项组中的"并排查看"按钮，即可退出并排查看视图模式。

单击"并排查看"按钮

步骤 02 在打开的"并排比较"对话框中选择要进行比较的工作簿。

退出并排查看

如果当前工作窗口中只打开了一个工作簿窗口，则"并排查看"按钮会因为没有可以比较的对象而呈现灰色状态。

4.2.10 隐藏工作表

Excel提供了工作表的隐藏功能，为了将一些重要的信息更好地保护起来，用户可以隐藏工作簿中的相关工作表，使之不可见。

虽然隐藏的工作表中数据是不可见的，但是仍然可以在其他工作表和工作簿中引用这些数据。用户可以根据需要显示隐藏的工作表，下面介绍其操作步骤：

步骤 01 选择要隐藏的工作表"4.2.8"，在"开始"选项卡下，单击"单元格"选项组中的"格式"下三角按钮，在打开的列表中选择"隐藏和取消隐藏>隐藏工作表"选项。

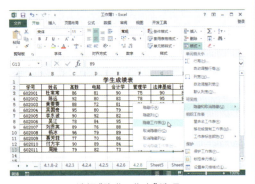

选择"隐藏工作表"选项

步骤 02 这时可以看到原来的工作表"4.2.8"已经隐藏了。

查看工作表隐藏效果

步骤 03 若要取消隐藏，则再次在"开始"选项卡下，单击"单元格"选项组中的"格式"下三角按钮，在打开的列表中选择"隐藏和取消隐藏>取消隐藏工作表"选项。

取消工作表隐藏

步骤 04 在打开的"取消隐藏"对话框中选择需要取消隐藏的单元格名称，单击"确定"按钮，即可取消该工作表的隐藏。

取消工作表隐藏

4.2.11 共享工作簿

在平时工作中，制作Excel表格或者图表时，用户可以设置工作簿的共享，使多个用户可以同时在一个工作簿中进行工作，加快数据的录入，提高工作效率，操作步骤如下：

步骤 01 打开需要共享的工作簿后，切换到"审阅"选项卡，单击"更改"选项组中的"共享工作簿"按钮。

单击"共享工作簿"按钮

步骤 02 弹出"共享工作簿"对话框，在"编辑"选项卡下勾选"允许多用户同时编辑，同时允许工作簿合并"复选框。

"编辑"选项卡

步骤 03 切换到"高级"选项卡，根据需要进行设置，设置完成后单击"确定"按钮。

"高级"选项卡

步骤 04 在提示对话框中，单击"确定"按钮即可完成共享。

单击"确定"按钮

步骤 05 设置完成后，可以在Excel标题栏处看到文档名后增加了"【共享】"字样。

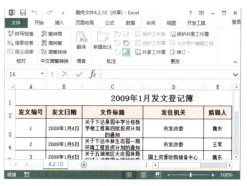

共享工作簿

步骤 06 若取消工作簿共享，则再次单击"更改"选项组中的"共享工作簿"按钮，在打开的"共享工作簿"对话框中，取消"允许多用户同时编辑，同时允许工作簿合并"复选框的勾选，单击"确定"按钮。

取消共享工作簿

综合案例 | 编辑员工入职安排表

在本章中，用户学习了工作表和工作簿的操作，本实例将根据所学的知识利用已有的工作表，创建一个新的"员工入职安排表"，具体操作步骤如下：

步骤 01 打开"员工信息统计表"工作簿，单击Sheet1工作表，在"视图"选项卡下单击"新建窗口"按钮。

单击"新建窗口"按钮

步骤 02 此时，工作簿的名称改变成"员工信息统计表：1"，新建的窗口名为"员工信息统计表：2"，单击Sheet2工作表。

创建新的工作簿窗口

步骤 03 然后切换至"视图"选项卡，单击"并排查看"按钮。

单击"并排查看"按钮

步骤 04 此时可以看到两个工作表显示为并排查看视图模式了。在Sheet1工作表中，选择A2：I23单元格区域并复制。

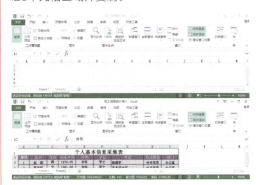

复制单元格区域

步骤 05 选择Sheet2工作表，按Ctrl+V快捷键粘贴数据，删除I列内容，在I2单元格输入"职位安排"。

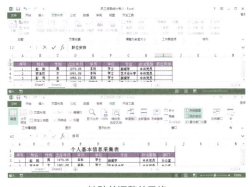

粘贴并调整单元格

步骤 06 在"职位安排"列输入职位安排的相关信息，然后右键单击Sheet1工作表标签，在弹出的快捷菜单中选择"重命名"命令。

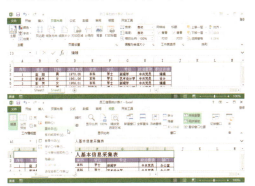

输入文本信息

步骤 07 标签名称进入编辑模式，将现工作表名Sheet1改为"员工信息统计表"后，再次右击该工作表标签，选择"工作表标签"命令，在子菜单中选择一种工作表标签颜色。

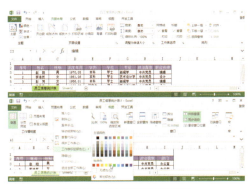

重命名工作表标签并设置颜色

步骤 08 在窗口名为"员工信息统计表：2"工作表中输入表格标题，并设置相关格式。

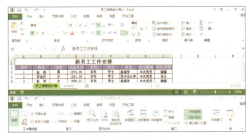

设置表格标题格式

步骤 09 同样的方法，设置Sheet2工作表名为"新员工工作安排表"，并设置工作表标签颜色。

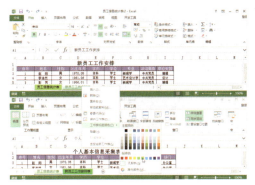

重命名工作表标签并设置颜色

步骤 10 设置完成后，单击窗口名为"员工信息统计表：2"工作表右上角的"关闭"按钮。

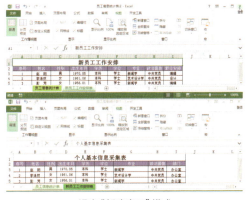

退出"新建窗口"模式

步骤 11 这时可以看到设置后的最终效果，本实例完成。

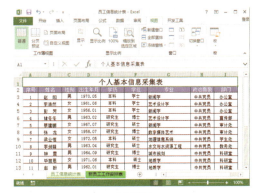

查看效果

认识并应用公式

Excel之所以具备强大的数据分析与处理功能，公式和函数功能起了非常重要的作用。要想有效的提高自己的Excel应用水平和工作效率，提高公式和函数的应用能力是非常有效的途径之一。

本章所涉及到的知识要点：

◆ 公式的简单操作　　　　　　◆ 引用样式

◆ 引用其他工作表或工作簿数据　◆ 数组公式及其应用

◆ 公式中常见的错误值说明　　　◆ 公式审核

本章内容预览：

公式的结构

公式的绝对引用

显示公式

5.1 什么是公式

在Excel中，使用公式不仅可以对工作表中的数值进行加、减、乘、除和乘方等简单运算，也能够完成一系列很复杂的运算。公式是工作表中对数据进行分析处理的等式，它是单元格中一系列值、单元格引用以及运算符的组合，下面将具体介绍公式的具体用法。

5.1.1 理解运算符

在Excel中，将运算符分成4类：算术运算符、比较运算符、文本运算符和引用运算符。下面将分别对其进行介绍。

1 算术运算符

算术运算符是用来处理四则运算的符号，如"加、减、乘、除和乘方"等，这是最简单也最为常用的符号，尤其是对数字处理时，几乎都会涉及到此类符号。

表5-1 算术运算符、含义及示例表

算术运算符	含义	示例
+（加号）	加法运算	3+3
-（减号）	减法运算	3-1或-1
*（乘号）	乘法运算	3*3
/（除号）	除法运算	3/3
%（百分号）	百分比	80%
^（乘方）	乘幂运算	3^2
!（阶乘）	连续乘法	3!=3*2*1=6
|X| X为任何数	绝对值	|3|

2 比较运算符

比较运算符是指两个数字或两个字符串进行比较，当用运算符比较两个值时，结果是一个逻辑值，不是TRUE（成立）就是 FALSE（不成立）的运算符号。

表5-2 比较运算符、含义及示例表

比较运算符	含义	示例
>（大于号）	大于	A1>B1
<（小于号）	小于	A1< B1
=（等于号）	等于	A1= B1
<>（不等号）	不相等	A1<>B1
<=（小于等于号）	小于或等于	A1<= B1
>=（大于等于号）	大于或等于	A1>= B1

3 文本运算符

文本连接运算符是指可以将一个或多个文本连接为一个组合文本的运算符号。即使用&加入或连接一个或更多文本字符串以产生一串文本。例如，公式"=本月＆销量总量"，将得到"本月销售总量"。使用文本运算符还可以用于连接数字，例如，公式"=12＆34"得到结果"1234"，如表5-3所示。

表5-3 文本运算符、含义及示例表

文本运算符	含义	示例
&（和号）	将两个文本值连接或串起来产生一个连续的文本值	North& wind产生 Northwind

4 引用运算符

引用运算符是指将单元格区域中引用合并计算的运算符号，如表5-4所示。

表5-4 引用运算符、含义及示例表

引用运算符	含义	示例
:（冒号）	区域运算符，产生包括在两个引用之间的所有单元格的引用	B5:B15
,（逗号）	联合运算符，将多个引用合并为一个引用	SUM(B5:B15, D5:D15)
（空格）	交叉运算符产生对两个引用共有的单元格的引用	B7:D7 C6:C8

5.1.2 公式运算的次序

在某些情况中，执行计算的次序会影响公式的返回值。因此，在Excel中，公式是按照特定次序来进行计算的，下面将对其进行详细介绍。

① 计算次序

Excel中的公式始终以等号"="开头，等号告诉Excel随后的字符组成一个公式。等号后面是要计算的元素（即操作数），各操作数之间由运算符分隔。Excel按照公式中每个运算符的特定次序从左到右依次计算公式。

② 运算符优先级

如果两个运算符放在一起时，公式内部运算次序是从左至右依次计算的，但还得符合运算符的优先顺序，如表5-5所示。

表5-5　运算符优先顺序表

优先次序	运算符	说明
高	：（冒号）	
	，（逗号）	引用运算符
	（空格）	
	–（减号）	负数（如 –1）
	%（百分号）	百分比
	^（乘方）	乘幂
	*和 /	乘和除
	+和–	加和减
	&（和号）	文本运算符
低	= > < <> >= <=	比较运算符

若要更改求值的顺序，则将公式中要先计算的部分用括号括起来。例如，公式"=3+8*2"，如不用括号时，Excel系统将按顺序，优先计算"8*2"，然后再加上3，得出结果19。如加上括号将公式更改为"=（3+8）*2"，则Excel系统将会优先计算"（3+8）"然后再乘以2，结果为22。所以在设置公式时千万要仔细谨慎，否则将会出现错误，从而耽误工作进程，降低工作效率。

操作提示

记忆式键入公式的操作

若想更容易地创建和编辑公式，并最大限度地减少键入和语法错误，则可以使用公式记忆式进行键入。即输入=（等号）和首字母后，在单元格下将显示有效函数和名称的动态列表。按Tab键或双击列表项，在公式中插入函数后，Excel 会显示相应的参数，如下图所示。填充公式时，键入的逗号也可用作显示触发器，这时 Excel 可能会显示其他参数。

5.1.3　公式的结构

在Excel中，公式由等号、数字和函数3部分组成，而公式均由"="开头，后面通常有5种元素组成，即运算符、单元格引用、数值或文本以及工作表函数。

公式的组成

5.1.4　公式的输入

在Excel 2013中，公式的输入有两种，下面将对其详细介绍。

方法一：手动输入公式

手动输入主要是套用默认的公式，或是输入简单的公式。下面将以"公司销售业绩与提成报表"工作表为例，计算出"员工本月提成"，其具体步骤如下：

步骤 01 选中D3单元格，并选择表格编辑栏的文本框，输入公式"=C3*3%"，此时系统会根据用户输入的单元格地址，分别用不同颜色自动跟踪相应的单元格。

输入公式

步骤 02 输入公式完毕后，单击编辑栏中的"输入"按钮，或按下Enter键。

单击"输入"按钮

步骤03 即可在所需的单元格中显示计算结果。

显示结果

高手妙招

定义公式名称

选中带有公式的单元格，单击"公式>名称管理器"命令，打开相应的对话框，单击"新建"按钮，在"新建名称"对话框中，输入公式名称、范围及引用位置，单击"确定"按钮，此时用户则可查看到该公式定义的名称及属性信息。

方法二： 选择单元格引用方法

单元格引用输入方法是在手动输入的基础上进行选择的，这种方法更加简单、快捷、不容易出错。以同样以"公司销售业绩与提成"表格为例，计算出年内交通费的总和，其操作方法如下：

步骤01 选择"公司销售业绩与提成报表"表格中的D3单元格，并输入"="号。

输入"="

步骤02 选择C3单元格，此时在D3单元格中显示蓝色的C3字符，并且C3单元格被虚线包围，用键盘输入"*"符号后，输入3%。

完成公式输入

步骤03 选择完毕后，按Enter键，即可得出计算结果。

得出结果

以上两种方法对于一些非常简单的公式输入来讲是比较实用的，可是对于一些需要经常输入、而且比较复杂的情况公式，很不实用，因为每输一次公式都得在公式的开头输入"="，在Excel 2013中可以通过设置公式属性来解决这一问题，其具体步骤如下：

步骤01 打开工作表后，执行"文件>选项"命令。

选择"选项"选项

步骤02 在"Excel选项"对话框中，单击"高级"选项卡，在右侧的"Lotus兼容性设置"选项区域中，勾选"转换Lotus I-2-3公式"复选框，单击"确定"按钮，即可完成设置。

设置公式属性

5.1.5 复制公式

复制公式在Excel中运用得很频繁，比如求和、平均数、求平方以及开根之类的运算在多列或几个工作表间引用时，如果靠手工输入公式时，太费时费力，而运用"复制公式"功能，则

可非常轻松地解决这一问题。"复制公式"有以下几种方法来实现，下面将分别对其进行介绍。

方法一： 通过单元格"填充"功能复制公式

使用相邻单元格间"填充"命令来实现是最基本的方法，操作方法很简单，以"员工工资表"为例，计算出每位员工的应发工资，其具体操作如下：

步骤01 打开工作簿，先算出"张小东"的应发工资，选择G3单元格，在表格编辑栏中输入公式"=C3+D3+E3+F3"。

输入公式

步骤02 输入完成后，按Enter键得出结果，选中G3单元格，按住鼠标左键，并向下拖至G14单元格，释放鼠标左键。

选择单元格区域

步骤03 然后在"开始"选项卡下的"编辑"选项组中，单击"填充"下三角按钮，在下拉菜单中选择"向下"选项。

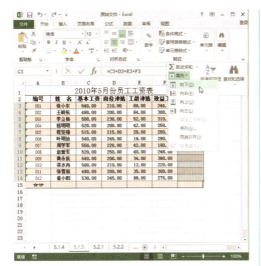

选择"向下填充"选项

步骤 04 这时可以看到，Excel自动填充公式至G14单元格，计算出所有员工的应发工资。

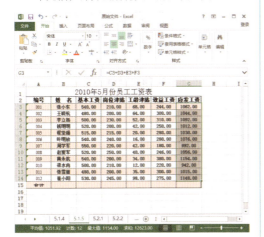

完成填充

方法二：通过拖动鼠标复制公式

通过拖动鼠标来实现复制单元格或指定单元格区域，是最为快捷的一种方法。

首先运用公式算出第一位员工的应发工资，其后将鼠标移至G3单元格右下角，光标会变成十字形状，按住鼠标左键向下拖动到目标单元格后，释放鼠标，即可计算出所有员工的应发工资。

拖动鼠标

方法三：双击填充柄进行复制

通过双击填充柄进行公式填充，可以更快速地实现公式复制，提高工作效率。

步骤 01 选中G3单元格，将光标移至单元格右下角，待光标会变成十字形状时双击。

双击鼠标左键

步骤 02 即可瞬间计算出所有员工的应发工资。

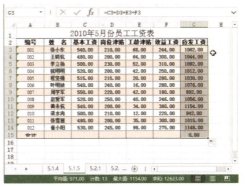

查看计算结果

5.2 单元格引用

　　所谓"引用"，指的是引用相应的单元格或单元格区域中的数据，而不是具体的数值。这项功能不仅简化了数据输入过程，还标识了工作表中的单元格或单元格区域，指明公式中所有使用的数据位置。最重要的是，引用单元格地址后，当单元格中数据发生变化或修改时，公式会自动根据用户改变后的数据重新进行计算。

5.2.1 相对引用

　　所谓"相对引用"是指公式复制到其他单元格中时，行和列的引用也会改变，下面介绍该引用的使用方法。

步骤 01 打开工作簿，选中G3单元格，并在该单元格中输入公式"=E3*F3"。

输入公式

步骤 02 输入完毕后，按Enter键，显示计算结果，选择G3单元格，按Ctrl+C组合键将其结果进行复制。

复制计算结果

步骤 03 选中G4单元格，按下快捷键Ctrl+V，粘贴结果，此时G4单元格处于被选中状态，在编辑栏中可以看到其计算公式"=E4*F4"。

粘贴结果

5.2.2 绝对引用

　　绝对引用是指被引用的单元格与引用的单元格的位置关系是绝对的，也就是说，当把公式复制到其他单元格时，行和列的引用不会改变。实现绝对引用的方法有两种，下面将分别对其进行介绍：

　　方法一： 通过填充公式来实现

步骤 01 打开工作簿，选中D3单元格，并在该单元格中输入公式"=C3*B3*$B$6"。

输入公式

步骤02 输入完成后按下Enter键显示计算结果，然后将光标移至D3单元格右下角，变为黑色十字形状时按下鼠标左键拖拽至D5单元格，将公式填充至D5单元格。选中D5单元格，在编辑栏中公式为"=C5*B5*$B$6"，可见引用B6单元格没有发生改变。

查看公式

方法二： 通过使用快捷键来实现

通过运用快捷键来实现绝对引用，其具体步骤如下：

步骤01 按照"方法一"同样的步骤，在D3单元格中输入公式"=C3*B3*$B$6"，按下Enter键，显示运算结果，并选中D3单元格，按下Ctrl+C组合键，对单元格进行复制。

复制公式

步骤02 选中D4单元格，按Ctrl+V组合键进行粘贴，D4单元格则显示计算结果，此时在编辑栏中出现的公式为"=C4*B4* $B$6"。

粘贴公式计算结果

5.2.3 混合引用

混合引用是指具有绝对列和相对行，或绝对行和相对列的引用方式。下面我们应用"家电销售折扣价格表"实例来对该引用方式进行详细介绍。

步骤01 打开原始文件，选中C3单元格，输入公式"=B3*(1-B13)"。

输入公式

步骤02 选中公式中B3，按下3次F4键，则变为"$B3"。

绝对B列

步骤 03 若选中B13，按2次F4键，则变为"B$13"，按下Enter键。

绝对第13行

步骤 04 重新选中C3单元格，将光标置于C3单元格的右下角，当变为十字时按住鼠标左键，并向下拖拽至C10单元格，将公式填充并执行计算。

填充公式

步骤 05 选中B3：B10单元格区域，向右复制公式至F3：F10单元格区域。

填充公式

步骤 06 返回工作表，可以查看混合引用的效果，选中D5单元格，在编辑栏中显示公式"=$B5*(1-C$13)"。

显示结果

5.3 引用其他工作表数据

在公式中用户不仅可以引用本工作表中的数据，还可以引用其他工作表中的单元格或单元格区域，甚至是其他工作簿中的单元格或单元格区域。

5.3.1 引用同一工作簿不同工作表中的数据

引用同一工作簿的其他工作表中的单元格时，如果在公式中键入引用地址,对同一工作簿中其他工作表的单元格或单元格区域进行引用,其引用格式为:

工作表名！单元格（或单元格区域）的引用地址

必须用感叹号"！"将工作表名称和单元格引用分开。如：要引用工作表Sheet2的B3单元格，应输入公式"=Sheet2!B3"。如果引用的工作表名称中含有空格，必须用单引号将工作表名称引起来，如："='MySheet!B3'"。

如果用鼠标选择工作簿中其他工作表的单元格或单元格区域，可在公式中要输入引用地址的地方，单击需要引用的单元格所在的工作表标签，选中需要引用的单元格或单元格区域，则该引用将显示在公式中。

如，"='[Book2]Sheet2'！B3"。

如果用鼠标引用其他工作簿中的单元格或单元格区域，则在公式中要输入引用地址的地方选择需要引用的工作簿为当前工作簿，然后单击需要引用的单元格所在的工作表标签，再选中需要引用的单元格或单元格区域，该引用将显示在公式中。

5.3.2 引用不同工作簿中工作表的数据

在要引用的工作簿已经打开的情况下，可以在公式中键入引用地址的方法对其单元格进行引用，引用格式是：

[工作簿名称]工作表名！单元格（或区域）的引用地址

需要用中括号将工作簿名称括住。例如，要引用工作簿Book2中的工作表Sheet2中的B3单元格，则输入公式"=[Book2]sheet2!B3"。如果工作簿名称中含有空格，也必须用单引号将工作簿名称连同工作表名称一起引起来，例

如果公式中需要引用的工作簿事先没有打开，则必须在公式中的工作簿名称前加入该工作簿的路径，并在路径前和工作表名后加上单引号，即路径、文件名和工作表名要用单引号引起来，例如"='D:\[Book2]Sheet2'!B3"。

操作提示

使用公式引用
在插入函数时，系统会弹出函数参数对话框，在需要进行引用时，单击相应的折叠按钮，选择数据位置和数据。系统会自动生成引用的数据字符，不需要进行手动输入，十分方便。

5.4 数组公式及其应用

Excel中数组公式非常有用，尤其在不能使用函数直接得到结果时，数组公式显得特别重要，它可建立产生多值或对一组值而不是单个值进行操作的公式。

5.4.1 创建数组公式

数组公式可以看成是有多重数值的公式，它与单值公式的不同之处在于可以产生一个以上的结果。一个数组公式可以占用一个或多个单元格。数组公式可同时进行多个计算并返回一个或多个结果，每个结果显示在一个单元格中。

1 计算单个结果

此类数组公式通过一个数组公式代替多个公式的方法来简化工作表模式，如用一组销售产品的平均单价和数量计算出销售的总金额，其操作步骤如下：

步骤 01 打开工作表，选择D8单元格，在编辑框中输入公式"=SUM(C3:C7*D3:D7)"。

输入公式

步骤 02 按Ctrl+Shift+Enter组合键即可得出计算结果，并且之前输入的公式自动转换成"{=SUM(C3:C7*D3:D7}"。

得出计算结果

单元格D8中的公式"{=SUM(C3:C7*D3:D7}"表示C3：C7单元格区域和D3:D7单元格区域内对应的单元格相乘，最后用SUM函数将这些相乘后的结果相加，这样就得到了总销售金额。

2 计算多个结果

如果要使用数组公式计算出多个结果，必须将数组输入到与数组参数具有相同列数和行数的单元格区域中，其操作步骤如下：

步骤 01 打开工作表，选择要输入数组公式的单元格区域，在编辑栏输入公式"=B3:B7*C3:C7"。

输入公式

步骤 02 按Ctrl+Shift+Enter组合键即可得出计算结果，并且编辑栏中之前输入的公式转换成"{=B3:B7*C3:C7}"。

当公式"=B3:B7*C3:C7"作为数组公式输入时，它会将对应的产品数量和单价进行相乘，得到的结果会显示在对应的单元格内。

得出计算结果

5.4.2 使用数组公式的规则

数组公式对两组或多组被称为数组参数的数值进行运算，每个数组参数必须有相同数量的行和列。

输入数组公式时，首先选择用来保存计算结果的单元格区域，如果计算公式将产生多个计算结果，必须选择一个与计算结果所需大小和形状都相同的单元格区域。数组公式输入完成后，按Ctrl+Shift+Enter组合键，这时在公式编辑栏中，显示公式的两边加上了大括号，表示该公式是一个数组公式。

数组公式

在数组公式所涉及的区域中，不能编辑、清除或移动单个单元格，也不能插入或删除其中任何一个单元格，也就是说，数组公式所涉及的单元格区域只能作为一个整体进行操作。

用户也可单击数组公式所包含的任一单元格，这时数组公式会出现在编辑栏中，它的两边有大括号，单击编辑栏中的数组公式，它两边的大括号就会消失。

要编辑或清除数组，需选择整个数组并激活编辑栏，其后在编辑栏中修改数组公式或删除数组公式，按Ctrl+Shift+Enter组合键即可。

5.5　公式中常见的错误值

对于使用Excel电子表格工作的人来说，各种问题都会碰到，应用公式时，常会发现在表格中出现一些错误值的信息，比如#N/A!、#VALUE!、#DIV/O!等等。这都代表了什么意思呢？出现这些错误该如何解决呢？要知道，出现这些错误的原因有很多种，例如，在需要数字的公式中使用文本、删除了被公式引用的单元格，或者使用了宽度不足以显示结果的单元格等等。下面来介绍几种Excel常见的错误及其解决方法。

5.5.1　#DIV/O!错误值

当公式被零除时，将会产生错误值#DIV/O!。

原因一： 在公式中，除数使用了指向空单元格或包含零值单元格的单元格引用（在Excel中如果运算对象是空白单元格，Excel将此空值当作零值）。

解决方法： 修改单元格引用，或者在用作除数的单元格中输入不为零的值。

原因二： 输入的公式中包含明显的除数零，例如：=5/0。

解决方法： 将零改为非零值。

5.5.2　#N/A错误值

原因： 当函数或公式中没有可用数值时，将产生错误值#N/A。

解决方法： 如果工作表中某些单元格暂时没有数值，请在这些单元格中输入#N/A，公式在引用这些单元格时，将不进行数值计算，而是返回#N/A。

5.5.3　#NAME?错误值

在公式中使用了Excel不能识别的文本时，将产生错误值#NAME?。

原因一： 删除了公式中使用的名称，或者使用了不存在的名称。

解决方法： 确认使用的名称确实存在。执行"插入＞名称＞定义"命令，如果所需名称没有被列出，则需要使用"定义"命令添加相应的名称。

原因二： 名称拼写错误。

解决方法： 修改拼写错误的名称。

原因三： 在公式中输入文本时没有使用双引号。

解决方法： Excel将其理解为名称，而不理会用户准备将其用作文本的想法，将公式中的文本括在双引号中。例如：下面的公式将文本"总计："和单元格B50中的数值合并在一起＝"总计："&B50

原因四： 在区域的引用中缺少冒号。

解决方法： 确认公式中，使用的所有区域引用都使用冒号，例如：SUM(A2:B34)。

5.5.4　#REF!错误值

当单元格引用无效时将产生错误值#REF!。

原因： 删除了由其他公式引用的单元格，或将移动单元格粘贴到由其他公式引用的单元格中。

解决方法： 更改公式或者在删除或粘贴单元格之后，立即单击"撤消"按钮，以恢复工作表中的单元格。

5.5.5　#VALUE!错误值

当使用错误的参数或运算对象类型时，或者当公式自动更正功能不能更正公式时，将产生错误值#VALUE!。

原因一： 在需要数字或逻辑值时输入了文本，Excel不能将文本转换为正确的数据类型。

解决方法： 确认公式或函数所需的运算符或参数正确，并且公式引用的单元格中包含有效的数值。例如：如果单元格A1包含一个数字，单元格A2包含文本"学籍"，则公式"=A1+A2"将返回错误值#VALUE!。可以用SUM函数将这两个值相加（SUM函数忽略文本），公式为"=SUM（A1:A2）"。

原因二：将单元格引用、公式或函数作为数组常量输入。

解决方法：确认数组常量不是单元格引用、公式或函数。

原因三：赋予需要单一数值的运算符或函数一个数值区域。

解决方法：将数值区域改为单一数值。修改数值区域，使其包含公式所在的数据行或列。

5.6　公式审核

在经常使用的各类财经报表中，每个数据都有明确的经济含义，并且各个数据之间一般都有一定的联系。如在一个报表中，小计等于各分项之和；而合计又等于各个小计之和等。在实际工作中，为了确保报表数据的准确性，需要对数据进行审核。

5.6.1　显示公式

Excel有强大的计算功能，在单元格中输入公式后就会显示出计算结果，但是对于有着许多计算公式的表格来说，其中一个或几个公式出现错误的话就会影响整个表格的计算正确性。

一般是对单元格逐一地检查公式的正确性，但是这样检查太慢，这时需要将表格中所有带有公式的单元格都显示相应的公式，下面介绍几种操作方法：

方法一：使用功能区命令

执行"公式 > 公式审核 > 显示公式"命令，即可显示Excel中所有单元格的公式。

方法二：使用快捷键

按Ctrl+ ~组合键，也可显示Excel单元格中的公式。检查完毕再次按下Ctrl+ ~快捷组合，就会恢复Excel单元格的正常显示。

5.6.2　检查错误公式

在Excel中输入公式时，难免会遇到错误，此时可使用Excel"错误检查"功能来检查表格中有公式错误及产生错误的原因，操作步骤如下：

步骤 01 打开工作表，选中A1单元格，执行"公式 > 公式审核 > 错误检查"命令，Excel将从A1单元格开始查找。

显示公式　　　　　　　　单击"错误检查"按钮

步骤02 如果表格中存在错误公式，将会打开"错误检查"对话框，在对话框中会显示出错误的单元格信息，如F7单元格出现错误，单击"从上都复制公式"按钮。

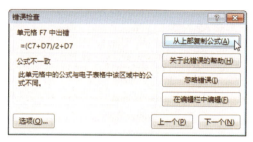

错误公式信息

步骤03 在提示框中，提示完成整个工作表的错误检查，并修正错误的公式，此时F7单元格已显示正确的结果。

修正公式

5.6.3 追踪引用和从属单元格

在Excel中，当公式使用引用单元格或从属单元格时，检查其准确性或查找错误的根源会很困难。

为了检查公式的方便，可使用"追踪引用单元格"和"追踪从属单元格"命令以图形方式，显示或追踪这些单元格包含追踪箭头的公式之间的关系。

先来介绍"引用单元格"与"从属单元格"的概念：

引用单元格：被其他公式中引用到的单元格称为引用单元格。

从属单元格：单元格中的公式引用了其他单

元格，被称为从属单元格。

下面介绍其操作方法：

步骤01 打开需要检查单元格引用的工作表，切换至"公式"选项卡，单击"公式审核"选项组中的"显示公式"按钮。

功能区命令

步骤02 在当前工作表中，所有含有公式的单元格都会显示公式，选中某一含有公式的单元格时，公式中的引用单元格代码均以彩色标示，同时引用单元格以相应颜色的边框标记。

显示公式

步骤03 选择C11单元格，切换至"公式"选项卡，单击"公式审核"选项组中的"追踪引用单元格"按钮。

单击"追踪引用单元格"按钮

步骤04 在工作表中，追踪箭头显示出了C11单元格所引用的单元格。

追踪引用的单元格

步骤 05 再次单击 "追踪引用单元格" 按钮。

单击"追踪引用单元格"按钮

步骤 06 则引用单元格的引用单元格也被追踪箭头标示出来，被引用的单元格区域用蓝色边框标记。

追踪引用单元格的引用单元格

操作提示

从追踪状态还原

　　删除箭头可以单击"移去所有追踪箭头"按钮，如果取消所有的公式框，可以再次执行"公式>公示审核>显示公式"命令，使公式回归到数值状态。

步骤 07 执行"公式 > 公式审核 > 移去箭头"命令，即可移去所有追踪箭头。

移去箭头

步骤 08 选中D3单元格，切换至"公式"选项卡，单击"公式审核"选项组中的"追踪从属单元格"按钮，在工作表中，追踪箭头显示出D3单元格的从属单元格。

追踪从属单元格

步骤 09 单击"追踪从属单元格"命令，则从属单元格的从属单元格也被追踪箭头标示出来。

追踪从属单元格的从属单元格

综合案例丨制作员工培训成绩统计表

通过本章所学习到的关于公式的相关知识，用户的Excel使用水平将会提升到一个新的层次。下面利用一个半成品的员工培训统计表来介绍如何利用Excel公式快速制作各种统计分析报表的基本方法和技巧。

步骤 01 打开已经制作完成的员工培训成绩统计表框架。

打开工作表

步骤 02 在A4与A5单元格中分别输入数据1、2。

输入两位员工编号

步骤 03 选中A4：A5区域单元格，将光标移动到单元格右下角，变为黑色十字时，向下拖动控制柄至A21单元格，完成编号的输入。

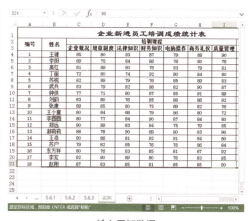

完成编号的输入

步骤 04 依次输入员工的姓名、培训课程成绩等已知的数据。

输入已知数据

步骤 05 选择J4单元格，在编辑栏中输入"=（）"，将光标移至括号中间，在工作表中单击C4单元格，再输入"+"，继续在工作表中单击D4，依次加到I4单元格，将光标移至"）"后，继续输入"/7"，则编辑栏中完成的公式为"=(C4+D4+E4+F4+G4+H4+I4)/7"。

输入公式

步骤 06 按Enter键即可得出计算结果。

输入公式

步骤 09 按Enter键得出计算结果。

计算首个平均成绩

得出首个员工的总成绩

步骤 07 选择J4单元格,将鼠标移至单元格右下角,向下拖动控制柄至J21单元格,完成所有员工的平均成绩的复制填充。

步骤 10 选择K4单元格,按照步骤7的操作,得出所有员工的总成绩,完成成绩表的统计。

得出所有平均成绩

步骤 08 选择K4单元格,在编辑栏中输入"=",在工作表中单击选择C4单元格,接着输入"+",再单击选择D4单元格,如此依次加至I4,完成公式的输入。

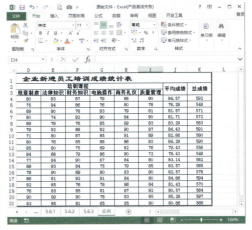

得出总成绩

6

Chapter

使用函数进行计算

　　我们在使用Excel制作表格整理数据的时候，常常要用到函数功能来自动统计处理表格中的数据。本章将详细介绍一些在Excel中使用频率比较高的函数的功能、使用方法以及这些函数在实际应用中的实例剖析。

本章所涉及到的知识要点：

◆ 函数的介绍　　　　　　◆ 常用函数的使用

◆ 财务函数的使用　　　　◆ 日期与时间函数的使用

◆ 逻辑函数的使用　　　　◆ 信息函数的使用

◆ 函数的基本操作

本章内容预览：

应用SUM函数求和

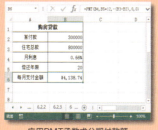

应用PMT函数求分期付款额

函数的嵌套使用

6.1 函数基础入门

函数是Excel处理数据的一个重要工具，它是Excel公式功能中的一部分，是预先编辑好的公式，这些公式使用一些称为参数的特定数值，按特定的顺序或结构进行计算。使用函数不仅可以解决实际工作中遇到的诸多问题，也可以用来设计复杂的统计管理表格或者小型数据库系统等，从而提高用户在工作中的效率。

6.1.1 什么是函数

Excel中所提的函数其实是一些预定义的公式，它们使用一些称为参数的特定数值按特定的顺序或结构进行计算，可以对一个或多个值进行运算，并返回一个或多个值。函数可简化和缩短工作表中的公式，尤其在用公式执行很长或复杂的计算时。

Excel的函数功能是实现办公自动化中的一个非常重要的功能，应用函数执行非常复杂的运算时，可以极大地简化和缩短工作表中的公式。用户可直接用它们对某个区域内的数值进行一系列运算，如分析和处理日期值和时间值、确定贷款的支付额、确定单元格中的数据类型、计算平均值、排序显示和运算文本数据等等。例如，应用SUM函数对单元格或单元格区域进行加法运算。

函数的结构以函数名称开始，后面是左圆括号、逗号分隔参数和右圆括号。Excel函数的一般形式为：函数名(参数1，参数2，......)。例如:=SUM(C3:E3)，其中SUM为函数名，C3:E3为参数。

函数的参数可以是数字、文本、逻辑值TRUE或FALSE、数组、形如#N/A的错误值或单元格引用。在函数公式中，给定的参数必须能产生有效的值。参数可以是常量、公式或其它函数。

（1）数组

用于建立可产生多个结果或是对存放在行和列中的一组参数进行运算的单个公式。在Excel 2013中有两类数组：区域数组和常量数组。

- 区域数组是一个矩形的单元格区域，该区域中的单元格共用一个公式。
- 常量数组将一组给定的常量用作某个公式中的参数。

数组在函数中应用非常广泛，但是，当数组作为参数输入后，并不是像其他参数一样输入完成后按Enter键即可确认输入，而是要按下Ctrl + Shift + Enter组合键确认输入。

（2）单元格引用

用于表示单元格在工作表所处位置的坐标值。例如，显示在B列和第3行交叉处的单元格，其引用形式为B3。

（3）常量

常量是直接键入到单元格或公式中的数字或文本值，也可以是由名称所代表的数字或文本值。例如，日期 10/1/99、数字 210 和文本 Quarterly Earnings都是常量。而公式或由公式得出的数值都不是常量。

（4）公式

全部使用算术运算符和文本运算符。例如，A3+A9/100，Excel&2013等。

（5）函数

嵌套其他的函数，例如，公式"=IF(SUM(D2:D6)>=6000，"免费"，2000)"，IF函数的第一个参数嵌套SUM函数。

6.1.2 函数的类型

在Excel 2013中，根据函数的来源不同，通常分为以下3种函数：

- 内置函数：只要启动Excel就可以使用的函数。
- 扩展函数：必须通过单击"加载宏"加载

才能正常使用的函数。

- 自定义函数：通过VBA代码实现特定功能的函数。

根据函数涉及的内容和使用方法来分，函数又可以分为11种不同类型：

（1）数学与三角函数

可以处理简单的计算，例如对数字取整、计算单元格区域中的数值总和或复杂计算。函数符号主要有：SUM、ROUNED、ROUNDUP、PRODUCT、INT、SIGN等。

（2）统计函数

统计函数用于对数据区域进行统计分析。例如，统计函数可以提供由一组给定值绘制出的直线的相关信息，如直线的斜率和 y 轴截距，或构成直线的实际点数值，也可以用来求数值的平均值、中值、众数等。函数符号主要有：AVERAGE、RANK、MEDIAN、MODE等。

（3）日期与时间函数

应用日期与时间函数，可以在公式中分析和处理日期值和时间值。函数符号主要有：DATE、TIME、TODAY、NOW等。

（4）逻辑函数

使用逻辑函数可以进行真假值判断，或者进行复合检验。例如，可以使用IF函数确定条件为真还是假，并由此返回不同的数值。函数符号主要有：IF、AND、OR、NOT、TRUE等。

（5）查找与引用函数

当需要在数据清单或表格中查找特定数值，或者需要查找某一单元格的引用时，可以使用查找和引用函数。例如，如果需要在表格中查找与第一列中的值相匹配的数值，可以使用VLOOKUP函数。如果需要确定数据清单中数值的位置，可以使用MATCH函数。函数符号主要有：VLOOKUP、MATCH、HLOOKUP、INDIRECT、ADDRESS等。

（6）文本函数

应用文本函数，可以在公式中处理文字串。例如，可以改变大小写或确定文字串的长度，也可以将日期插入文字串或连接在文字串上。

函数符号主要有：ASC、UPPER、IOWER、LEFT、RIGHT、MID、LEN等。

（7）财务函数

财务函数可以进行一般的财务计算，如确定贷款的支付额、投资的未来值或净现值，以及债券或息票的价值。函数符号主要有：PMT、IPMT、PPMT、FV、PV等。

（8）信息函数

应用信息函数可以确定存储在单元格中的数据的类型。信息函数包含一组称为IS的函数，在单元格满足条件时返回 TRUE。函数符号主要有：NA、ISERROR、ISBLANK、ISTEXT、CELL、INFO等。

（9）数据库函数

当需要分析数据清单中的数值是否符合特定条件时，可以使用数据库函数。这些函数的统一名称为Dfunctions，也称为D函数，每个函数均有三个相同的参数：Data-base、field和criteria，这些参数指向数据库函数所使用的工作表区域。其中参数Database 为工作表上包含数据清单的区域，参数Field 为需要汇总的列的标志，参数Criteria 为工作表上包含指定条件的区域。函数符号主要有：DSUM、DAVERAGE、DMAX、DMIN、DSTDEV等。

（10）工程函数

工程函数用于工程分析。工程函数一般可分为三种类型：对复数进行处理的函数、在不同的数字系统间进行数值转换的函数、在不同的度量系统中进行数值转换的函数。函数符号主要有：BIN2DEC、COMPLEX、IMREAL、IMAGINARY等。

（11）用户自定义函数

如果要在公式或计算中使用特别复杂的计算，而Excel内置的函数又无法满足需要，则需要用户创建自定义函数。这些函数，称为用户自定义函数，可以通过使用Visual Basic for Applications来创建。

6.2 常用函数的使用

在使用Excel制作表格整理数据的时候，常常要用到它的函数功能，自动统计处理表格中的数据。

6.2.1 SUM函数

SUM函数是Excel中使用最多的函数，利用它进行求和运算。

SUM函数的语法格式为：SUM（number1,number2,...）其中，Number1,number2为参数选项，各参数用","分隔，最多能指定30个参数。求相邻单元格内数值之和时，如A1:A5，使用冒号指定单元格区域。实际上，Excel所提供的求和函数不仅只有SUM函数一种，还包括SUBTOTAL函数、SUMIF函数、SUMPRODUCT函数、SUMSQ函数。

1 计算同一工作表中数值的和

通常在计算数值总和时，均是对当前工作表中的数据进行计算，其操作方法比较简单，具体介绍如下：

步骤 01 选择要输入公式的单元格，单击编辑栏中的"插入函数"按钮。

单击"插入函数"按钮

步骤 02 弹出"插入函数"对话框，从中选择合适的函数，比如SUM函数，然后单击"确定"按钮。

"插入函数"对话框

步骤 03 打开"函数参数"对话框，对函数参数进行设置。

"函数参数"对话框

步骤 04 设置后，单击"确定"按钮，即可完成求和计算操作。

得出计算结果

2 计算不同工作表中数值的和

如果要计算同一工作簿中不同工作表的相同位置单元格的和该怎么办呢？下面将对其进行介绍。

步骤 01 打开工作簿，选择需要输入结果的单元格。

6.2.1-1 工作表

6.2.1-2 工作表

步骤 02 在6.2.1-1工作表空白处选择任一单元格，计算6.2.1-1和6.2.2工作表中D3单元格数据的和，单击"插入函数"按钮，打开"插入函数"对话框，从中选择SUM函数，单击"确定"按钮。

"插入函数"对话框

步骤 03 打开"函数参数"对话框，在Number1中选择6.2.1-1的D3单元格，单击Number2文本框，再切换到工作表6.2.1-2，选择D3单元格，单击"确定"按钮。

"函数参数"对话框

步骤04 返回6.2.1-1工作表，即可看到得出的和，在编辑栏中显示了函数公式。

得出计算结果

6.2.2 AVERAGE函数

在Excel表格中，可使用AVERAGE函数计算指定数值的平均值。

AVERAGE函数的语法格式为：AVER-AGE(Number1, number2, …)其中，参数Number1, number2, …为需要计算平均值的1到30个参数，各个参数用逗号隔开，能够指定30个参数，参数也可以是单元格范围。如果参数为数值以外的文本，则返回错误值"#VALUE!"。但是，如果数组或引用参数中包含文本、逻辑值或空白单元格，则这些值将被忽略。此外，当分母为0时，将返回错误值#DIV/0!。

下面将利用公式来计算工作表中各数据的平均值。

步骤01 打开工作簿，选择要输入公式的单元格，单击编辑栏中的"插入函数"按钮。

单击"插入函数"按钮

步骤02 打开"插入函数"对话框，在"或选择类别"下拉列表中选择"统计"选项，在函数列表中选择AVERAGE函数，单击"确定"按钮。

"插入函数"对话框

> **操作提示**
>
> **对含有空格或0值单元格计算**
> 当对单元格中的数值求平均值时，应牢记空单元格与含零值单元格的区别，尤其是在清除了Excel 桌面应用程序的"Excel 选项"对话框中的"在具有零值的单元格中显示零"复选框时。选中此选项后，空单元格将不计算在内，但零值会计算在内。

步骤03 打开"函数参数"对话框，进行相应的参数设置后，单击"确定"按钮。

"函数参数"对话框

步骤04 返回Excel工作表中，可以看到G18单元格中显示了平均值。

显示计算结果

6.2.3 MAX/MIN函数

在Excel中，最大值函数与最小值函数的计算方法有很多种，下面将对其进行详细介绍。

1 MAX 函数

MAX函数是求最大值函数，它是Excel函数中使用频率较高的函数，例如用来计算学生最高成绩、员工最高工资或最大积分等。

MAX函数的语法格式为：MAX(number1, number2，...)。其中，参数Number1, number2, ...为需要计算最值的数值或者数值所在的单元格，各数值之间用逗号隔开。最多能指定30个参数，也能指定单元格区域。参数如果直接指定数值以外的文本，则返回错误值#VALUE!。但是，如果参数为数组或引用，数组或引用中的文本、逻辑值或空白单元格将被忽略。如果参数超过30个，则会出现"此函数输入参数过多"的提示信息。

打开工作表，选择要输入公式的单元格G18，在单元格中输入公式"=MAX(G3:G17)"，然后按下Enter键，即可求出最大值。

求最大值

2 MIN 函数

在Excel中，与计算最大值函数相对应的一个函数是计算最小值函数，即MIN，表示用于一组值中的最小值。

MIN函数的语法格式为：MIN(number1, number2，...)。其中，参数Number1, number2, ...为需要计算最小值的数值，或者数值所在的单元格，各数值用逗号隔开。参数若直接指定数值以外的文本，则返回错误值#VALUE!。如果参数为数组或引用，数组或引用中的文本、逻辑值或空白单元格将被忽略。该函数的参数同样不能超过30个，否则会出现"此函数输入参数过多"的提示信息。下面来介绍利用MIN函数求最小值的操作方法：

选择要输入公式的单元格G19，输入公式"=MIN(G3:G17)"，按下Enter键，即可求出最小值。

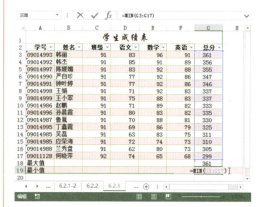

求最小值

6.2.4 RAND函数

在进行模拟运算时，常需要一些随机数进行统计分析。那么怎样才能既快又准的得到想要的随机数呢？其实很简单，利用RAND函数即可。

RAND函数的语法格式为：RAND()，该函数不用指定任何参数。在单元格或编辑栏内直接输入函数"=RAND()"即可返回大于等于0及小于1的均匀分布随机数。如果参数指定文本或者数字，则会出现"输入的公式中包含错误"的信息。

下面来介绍随机函数RAND的操作方法：

步骤 01 打开工作表，选择要输入公式的单元格C3，输入公式"=RAND()*($B$3-$A$3)+$A$3"。

输入公式

步骤 02 按下Enter键后，即可在C3单元格显示计算结果。

得出随机结果

步骤 03 选中C3单元格，将光标移至单元格右下角的控制柄上，按住左键拖至单元格I3。

拖动单元格

步骤 04 返回工作表中，查看随机显示的7位数，可见显示的数都是无规律的。

拖动单元格

操作提示

RAND产生新随机数的条件
RAND函数在下列情况可以产生新的随机数：
第一、打开文档的时候。
第二、单元格内的内容发生变化
第三、按F9键或者Shift+F9键

6.2.5　IF函数

IF函数也称为条件函数，是Excel最常用的逻辑函数。它是根据指定的参数条件来判断其真假，根据计算的真假值返回不同的结果。

IF函数的语法格式为：=IF(logical-test, Value-if-true, Value-if-false)，其中logical-test为一个条件表达式，它是比较式或逻辑表达式，其结果为逻辑值。Value-if-true是logical-test测试条件为真时函数的返回值，Value-if-falsE是logical-test测试条件为假时的返回值。Value-if-true和Value-if-falsE均可以为表达式、字符串、常数等。当logical-test的计算结果为TRUE时，即"条件成立"时，该函数的最终结果就是Value-if-true表达式的计算结果，当logical-test的计算结果为FALSE时，该函数的计算结果就是Value-if-false表达式的计算结果。

6.3 财务函数的使用

财务函数是用来进行财务处理的函数，可进行一般的财务计算，如确定贷款的支付额、投资的未来值或净现值，以及债券或息票的价值。Excel提供了大量的计算和分析数据的财务函数，通过这些函数可以提高处理财务数据的效率，下面介绍几种常见的财务函数。

6.3.1 PMT函数

PMT函数是指基于固定利率及等额分期付款方式，其返回值为贷款每期付款额。

PMT函数的语法格式为：=PMT（rate，nper，pv，fv，type）。其中rate表示年利率，nper表示偿还期或投资期，pmt表示各期所应支付的金额，该数值在整个年金期间保持不变。通常pmt包括本金和利息，但不包括其他费用及税款。如果忽略pmt，则必须包括pv参数。pv表示现值，即从该项投资开始计算时已经入账的款项，或一系列未来付款的当前值的累计和，也成为本金。type用以制定各期的付款时间是在期初还是期末，可以取值为0或1，如果省略type，则假设为零值。

下面介绍应用现值函数PMT的操作方法：

用户需购买一套住宅房，住房的购买总额为80万，首付30万，银行贷款利息为0.66%，贷款年限为20年，该用户每个月支付银行多少元？具体计算方法如下：

步骤 01 将已知数据输入表格中后，选中B6单元格，并输入公式"=PMT（B4，B5*12，-(B3-B2)，0，0）"。

输入公式

步骤 02 输入后，按下Enter键，则B6单元格将显示计算结果。

得出结果

> **操作提示**
>
> **PMT函数为什么为负数**
> 财务的概念是收入是正，支出是负，而PMT函数是分期偿还贷款和利息的，以负数表示。

6.3.2 PV函数

PV函数是指返回投资的现值，现值为一系列未来付款的当前值的累积之和。如借入方的借入款即为贷出方贷款的现值。

PV函数的语法格式为：=PV(rate，nper，pmt，fv，type)，

其中参数含义与PMT函数相同，下面来介绍应用现值函数PV的操作方法：

假如某集团未来期望资本增值为250万，已知资本回收期为5年，并且回收率为15%，问该集团起初应需投入多少资金？具体计算步骤如下：

步骤 01 将已知数据填入表格中，并选中B5单元格，输入公式"=PV（B3，B4，0，-B2，0）"。

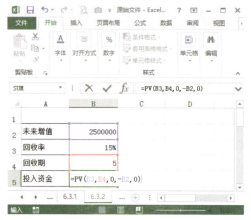

输入公式

步骤 02 输入完毕后，按下Enter键，则B5单元格显示出计算结果。

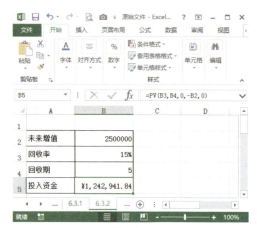

得出结果

6.3.3　FV函数

FV函数是基于固定利率及等额分期付款付款方式，返回某项投资的未来值的函数。

FV函数的语法格式为：= FV(rate，nper，pmt，pv，type)。其中参数含义与PMT函数相同。下面介绍应用未来值函数FV的操作方法：

在所有的参数中，支出的款项，如银行存款，表示为负数。收入的款项，如股息收入，则表示为正数，下面将举例说明。

如年息为8%，存入银行40000元整，8年后的累计金额是多少？计算方法如下：

步骤 01 将数据输入Excel表格中，选中C5单元格，输入公式"=-FV（C2，C3，0，C4，0）"。

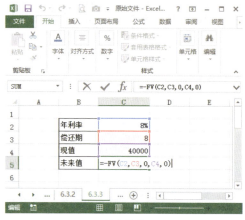

输入公式

步骤 02 输入完毕后，按下Enter键，则在C5单元格内显示计算结果。

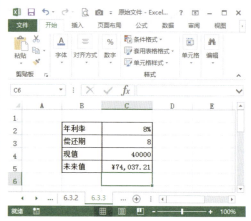

得出结果

6.3.4　DB函数

在Excel数据表中，应用DB函数使用固定余额递减法，计算一笔资产在给定期间内的折旧值。

DB函数的语法格式为：DB(cost,salvage,life,period,month)。其中，参数Cost为资产原值；Salvage为资产在折旧期末的价值（也称为资产残值）；Life为折旧期限（有时也称作资产的使用寿命）；Period为需要计算折旧值的期间；Period必须使用与Life相同的单位；month为第一年的月份数，如省略，则默认为12。

下面通过表6-1，具体向用户展示应用DB函数计算折旧值的计算方式。

表6-1　折旧值计算示例

	A	B
1	数据	说明
2	1800000	资产原值
3	200000	资产残值
4	6	使用寿命

	公式	说明（结果）
1	=DB(A2,A3,A4,1,7)	计算第一年7个月内的折旧值(322,350.00)
2	=DB(A2,A3,A4,2,7)	计算第二年的折旧值(453,638.55)
3	=DB(A2,A3,A4,3,7)	计算第三年的折旧值(314,371.52)
4	=DB(A2,A3,A4,4,7)	计算第四年的折旧值(217,859.46)
5	=DB(A2,A3,A4,5,7)	计算第五年的折旧值(150,976.51)
6	=DB(A2,A3,A4,6,7)	计算第六年的折旧值(104,626.69)
7	=DB(A2,A3,A4,7,7)	计算第七年5个月内的折旧值(30,210.98)

6.3.5　SLN函数

SLN函数功能是计算一项资产每期的直线折旧值，这里要注意的是每期折旧额是相等的，也就是直线折旧法。

SLN函数的语法格式为：=SLN（cost，salvage，life）。其中，参数Cost为资产原值；Salvage为资产在折旧期末的价值（也称资产残值）；Life为折旧期限（有时也称作资产的使用年限）。

举例来说，某单位有价值300000元的电子设备，折旧年限是8年，残值是20000元，现在需要计算每年的折旧额，就可以使用SLN函数进行计算，其操作步骤如下：

步骤 01 将数据输入Excel表格中，选中B4单元格，输入公式"=SLN（B1，B2，B3）"。

输入公式

步骤 02 输入完毕后，按下Enter键，查看计算的结果。

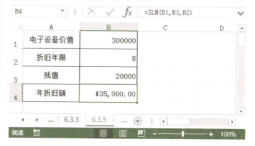

得出结果

6.4　日期与时间函数的使用

在日期和时间数据的处理过程中，日期与时间函数是相当重要的数据处理工具，Excel在这方面提供了丰富的函数供用户使用。

6.4.1 YEAR函数

YEAR函数主要用于返回某日期对应的年份，返回值为1900到9999之间的整数。

YEAR函数的语法格式为：= YEAR(serial_number)，Serial_number为一个日期值，其中包含要查找年份的日期。应使用 DATE 函数来输入日期，或者将日期作为其他公式或函数的结果输入。例如，使用 DATE(2008,5,23) 输入，2008 年 5 月 23 日。如果日期以文本的形式输入，则会出现问题。

下面来介绍YEAR函数的应用方法：

已经知道员工的出生日期和参加工作的日期，使用YEAR函数和TODAY函数计算出员工的年龄和工龄。

步骤 01 将数据输入Excel表格中，选中D2单元格，在编辑栏中输入公式"=YEAR(TODAY())–YEAR(B2)"。

输入公式

步骤 02 按Enter键确认，即可完成该员工的年龄计算，向下拖动控制柄，即可得出所有员工的年龄。

得出结果

步骤 03 选中E2单元格，在编辑栏中输入公式"=YEAR(TODAY())–YEAR(C2)"。

输入公式

步骤 04 按Enter键确认，即可完成该员工的工龄计算，向下拖动控制柄，即可得出所有员工的工龄。

得出结果

6.4.2 MONTH函数

MONTH函数主要用于返回以序列号标示的日期中的月份。月份是介于1（一月）到12（十二月）之间整数。

MONTH函数的语法格式为：= MONTH

(serial_number)，其中Serial_number表示一个日期值，其中包含要查找的月份。应使用DATE函数来输入日期，或者将日期作为其他公式或函数的结果输入。例如，使用DATE(2008,5,23)，输入2008年5月23日。如果日期以文本的形式输入，则会出现问题。

下面以自动填写Excel销售表的月份为例，介绍MONTH函数的应用方法：

产品销售报表需要每月建立且表格结构相似，对于表头信息需要更改月份值的情况，可以使用MONTH函数和TODAY函数来实现月份的自动填写。

步骤01 将数据输入到Excel表格中，然后选择A1单元格，在编辑栏中输入计算月份的公式"=MONTH(TOD-AY())"。

输入公式

步骤02 按下Enter键，即可自动填写当前的销售月份。

得出结果

高手妙招

解决MONTH函数返回值问题
在使用MONTH(now())函数计算当前月份时，如果计算出的时间为：1900/1/9，此时用户只需选中该结果单元格，将其数字格式设为"日期"格式即可。

6.4.3 DAY函数

DAY函数主要用于返回以序列号标示的某日期的天数，用整数1到31表示。

DAY函数的语法格式为：= DAY(serial_number)，其中Serial_number为要查找的那一天的日期。应使用DATE函数来输入日期，或者将日期作为其他公式或函数的结果输入。例如，可使用函数DATE(2008,5,23)输入日期2008年5月23日。如果日期以文本的形式输入，则会出现问题。

判断一个月的最大天数，对于报表日期范围的设置非常实用。要获得某一月份的最大天数，可以使用DAY函数来实现。DAY函数返回指定日期所对应的当月天数。

下面以计算2015年2月的最大天数为例，介绍应用DAY函数的操作方法：

在Excel工作表的单元格中输入公式"=DAY(DATE(2015,3,0))"，按Enter键即可得出结果。

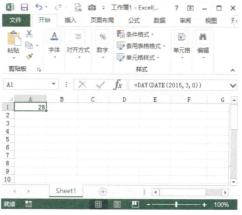

得出结果

要计算2月的最大天数，可以计算2015年3月0日的值，虽然0不存在，但DATE函数可以接受此值，根据此特性，便会自动返回3月0日的前一数据的日期。

6.4.4 NOW函数

NOW函数主要用于返回当前日期的序列号。序列号是Microsoft Excel日期和时间计算使用的日期/时间代码。如果在输入函数前，单元格的格式为"常规"，则结果将设为日期格式。

NOW函数的语法格式为：= NOW()

下面以返回当前日期为例，介绍应用NOW函数的操作方法：

打开工作表，选中A1单元格。在编辑栏中输入公式"=NOW()"，按下Enter键即可得出结果。

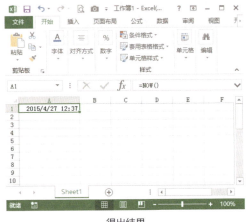

得出结果

6.5 逻辑函数的使用

Excel 逻辑函数是用来判断真假值，或者进行复合检验的Excel函数。在Excel中提供了六种逻辑函数，即AND函数、OR函数、NOT函数、FALSE函数、IF函数、TRUE函数。

6.5.1 AND函数

所有参数的逻辑值为真时返回 TRUE；只要一个参数的逻辑值为假即返回 FALSE。简言之，就是当AND的参数全部满足某一条件时，返回结果为TRUE，否则为FALSE。

AND函数的语法格式为：= AND(logical1,logical2, ...)。其中Logical1, logical2, ...表示待检测的 1 到 30 个条件值，各条件值可能为TRUE，可能为 FALSE。 参数必须是逻辑值，或者包含逻辑值的数组或引用。

下面来介绍应用AND函数的具体操作方法：

选中A1单元格，并在该单元格中输入100，其后选中B1单元格，并在该单元格中输入公式"=AND（A1>90，A1<110）"。

输入公式

输入完毕后，按下Enter键，则B1单元格中返回结果为TRUE。

返回结果

该例说明A1单元格中100数值，它的确大于90，且小于110，所以两个条件值（Logical）都为真，则返回结果为TRUE。

6.5.2 OR函数

OR函数指在其参数组中，任何一个参数逻辑值为 TRUE，即返回 TRUE。

OR函数的语法格式为：=OR(logi-cal1, logical2,...)，其中Logical1,logical2,... 为需要进行检验的 1 到 30 个条件表达式。

参数必须能计算为逻辑值，如 TRUE 或 FALSE，或者为包含逻辑值的数组（用于建立可生成多个结果或可对在行和列中排列的一组参数进行运算的单个公式。数组区域共用一个公式，数组常量是用作参数的一组常量）或引用。

它与AND函数的区别在于，AND函数要求所有函数逻辑值均为真，结果为真。而OR函数仅需其中任何一个为真即可为真。

如果数组或引用参数中包含文本或空白单元格，则这些值将被忽略。

如果指定的区域中不包含逻辑值，OR函数返回错误值 #VALUE!。

可以使用OR数组公式来检验数组中是否包含特定的数值。若要输入数组公式，请按 Ctrl+Shift+Enter组合键。

6.5.3 NOT函数

NOT函数用于对参数值求反。当要确保一个值不等于某一特定值时，可以使用 NOT 函数。简言之，就是当参数值为TRUE时，NOT函数返回的结果恰与之相反，结果为FALSE。

NOT函数的语法格式为：NOT(logical)

比如NOT(2+2=4)，由于2+2的结果的确为4，该参数结果为TRUE，由于是NOT函数，因此返回函数结果与之相反，为FALSE。

6.6 信息函数的使用

在Excel函数中有一类函数，它们专门用来返回某些指定单元格或区域等的信息，比如单元格的内容、格式、个数等，这一类函数我们称之为信息函数。

6.6.1 CELL函数

CELL函数用于返回某一引用区域的左上角单元格的格式、位置或内容等信息。

CELL函数的语法格式为：=CELL（info-type，reference）。其中Info-type为一个文本值，制定所需要的单元格信息的类型。Reference则表示要获取其有关信息的单元格。如果忽略，则在Info-type中所指定的信息将返回给最后更改的单元格。

6.6.2 TYPE函数

TYPE函数用于返回数值的类型。当某一个函数的计算结果取决于特定单元格中数值的类型时，可使用TYPE函数。

TYPE函数的语法格式如下：TYPE(value)

Value可以为任意数值，如数字、文本以及逻辑值等等。当使用能接受不同类型数据的函数（例如ARGUMENT函数和INPUT函数）时，函数TYPE十分有用。可以使用TYPE函数来查找函数或公式所返回的数据是何种类型。可以使用TYPE函数来确定单元格中是否含有公式。TYPE函数仅仅确定结果、显示或值的类型。如果某个值是一个单元格引用，它所引用的另一个单元格中含有公式，则TYPE函数将返回此公式结果值的类型。

6.7 输入与修改函数

对于一些烦琐的公式，如前面曾用到的连续求和公式以及日常生活中用到的求平均值、求最大值、最小值等，Excel 已将它们转换成了函数，使公式的输入量减到最少，从而降低了输入的错误概率。

6.7.1 输入函数

在工作表中，对于函数的输入可以采取以下几种方法，下面我们分别给予介绍。

1 手工输入函数

手工输入函数的方法同在单元格中输入公式的方法相同。需先在输入框中输入一个等号"="，其后输入函数及相应的参数即可。

手工输入函数

2 使用"插入函数"对话框插入

使用"插入函数"对话框是经常用到的输入方法。利用该方法，可以指导用户一步一步地输入一个复杂的函数，避免在输入过程中产生键入错误，其操作步骤如下：

步骤01 选定要输入函数的单元格，例如选择C3单元格，切换至"公式"选项卡，单击"函数库"选项组中的"插入函数"按钮。

步骤02 弹出"插入函数"对话框，从函数类别列表框中选择要输入的函数类别，这里选择"统计"选项。

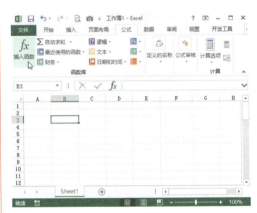

单击"插入函数"按钮

选择函数类别

步骤03 再从"选择函数"列表中选择AVER-AGE函数，单击"确定"按钮。

选择函数

步骤 04 即会打开"函数参数"对话框，这时可以看到在B3单元格中，所选函数粘贴到插入点，并自动将函数输入到选定的单元格中。

插入函数

步骤 05 在本例中当输入完第二个参数后，将看到出现第三个参数输入框，依次类推，还会出现第四个。单击"确定"按钮。参数框的数量，由函数决定。

函数参数

AVERAGE

Number1	E3	= 0
Number2	F3	= 0
Number3		= 数值
Number4		= 数值

返回其参数的算术平均值；参数可以是数值或包含数值的名称、数组或引用

　　Number3:　number1,number2,... 是用于计算平均值的 1 到 255 个数值参数

计算结果 =

有关该函数的帮助(H)

输入多个参数

步骤 06 在输入参数的过程中，将看到对于每个必要的参数都输入数值后，该函数的计算结果就会出现。单击"确定"按钮，将函数输入到单元格中。在输入过程中要使用Tab键而不是通常的Enter键。

3 使用"插入函数"按钮插入

　　在实际工作中，用户经常需要进行非常复杂的运算。这就需要在工作表中插入函数。下面以计算学生平均分为例，具体介绍其操作步骤：

步骤 01 打开工作表，选择F22单元格，在编辑栏中单击"插入函数"按钮。

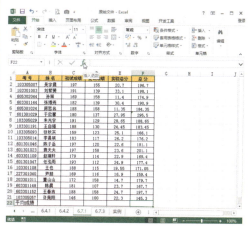

单击"插入函数"按钮

步骤 02 打开"插入函数"对话框，选择AVE-RAGE函数，单击"确定"按钮，打开"函数参数"对话框，设置Number1的参数为F2:F21单元格区域，单击"确定"按钮。

函数参数

AVERAGE

Number1	F2:F21	= {196.7;198.1;174.9;190.9;184.35;2...
Number2		= 数值

= 185.235

返回其参数的算术平均值；参数可以是数值或包含数值的名称、数组或引用

　　Number1:　number1,number2,... 是用于计算平均值的 1 到 255 个数值参数

计算结果 = 185.235

有关该函数的帮助(H)

"函数参数"对话框

步骤 03 按Enter键确认，即可得出计算结果。

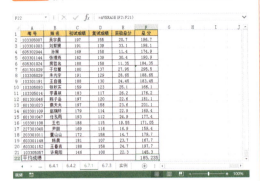

查看计算结果

6.7.2　修改函数

修改函数就是修改公式，在制作工作表的过程中，遇到公式错误的情况时，用户可以随时的对公式进行修改，下面介绍其操作方法：

方法一： 编辑栏修改法

选择需要修改的单元格，在编辑栏中会显示其计算公式，单击编辑栏，进入编辑状态，用户即可对其进行修改。

方法二： 鼠标双击法

选择需要修改的单元格并双击，该单元格即进入编辑状态，用户可对其修改。

6.7.3　函数的嵌套使用

嵌套函数就是将某一函数或公式作为另一个函数的参数使用。在处理复杂问题时，一个或两个函数的单独使用无法有效解决问题，那么，通过嵌套函数的使用就能方便解决问题。

在销售任务完成情况统计表中，当销售金额大于等于150000和净利润大于等于50000时，表明销售员完成任务，否则未完成情况，并将结果显示在单元格中。此处需要用到IF和AND两个函数，下面介绍具体操作方法：

步骤 01 打开工作簿，选择G3单元格，然后输入公式"=IF(AND(E3>=150000,F3>=50000),"完成","未完成")"，函数表示如果满足AND函数的条件，显示结果为"完成"，否则为"未完成"。

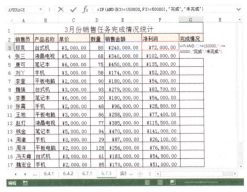

输入函数

步骤 02 按下Enter键，然后将光标移至G3单元格右下角，变为十字时，按住鼠标左键拖至G17单元格，将公式填充并执行计算。

填充函数

步骤 03 公式填充完成后，可以看到每个销售员完成任务的情况。

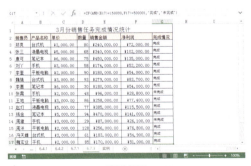

查看结果

综合案例 | 制作学生成绩统计表

　　如果是一位老师或者班级班干部的话，经常会遇到要建立成绩统计表的问题，这时候我们就可以使用Excel函数来统计成绩了，不过并不是每个人都会利用这个办公软件，下面就结合本章所学到的函数的知识来制作学生期末成绩表其操作方法如下。

步骤 01 打开已经制作一部份的学生成绩表，其中学生的学号、姓名、性别以及各科成绩都已输入完毕，选择I3单元格，在编辑栏中单击"插入函数"按钮。

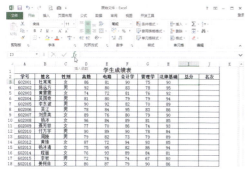

单击"插入函数"按钮

步骤 02 打开"插入函数"对话框，在"常用函数"列表中选择SUM选项，单击"确定"按钮。

选择函数

步骤 03 弹出"函数参数"对话框，设置Number1的参数为D3：H3单元格区域，单击"确定"按钮。

设置参数

步骤 04 返回工作表中，可以看到得出的第一位学生的总分成绩。

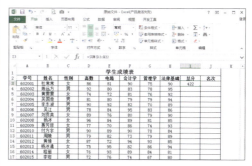

得出首位学生的总分

步骤 05 单击I3单元格，使用鼠标拖动控制柄向下填充至I18单元格，完成所有学生总分成绩的公式填充。

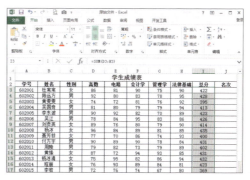

得出所有学生的总分成绩

步骤 06 选择J3单元格，在编辑栏中输入函数"=RANK(I3,$I$3:$I$18)"。

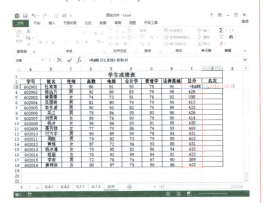

输入公式

步骤 07 按下Enter键，即可得出排名结果。

得出首位学生的名次

步骤 08 按照步骤4所述方法，向下复制填充出所有学生的名次，完成表格的创建。

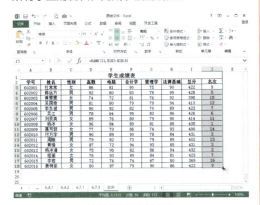

计算所有学生的名次

步骤 09 在第19列添加"平均分"栏，选中I19单元格，输入"=AVERAGE(I3:I18)"公式，按下Enter键。

输入公式

步骤 10 选择I20单元格，输入文本"制表日期"，再选择J20单元格，在编辑栏中输入公式"=NOW（）"。

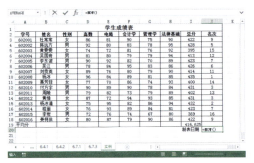

输入日期公式

步骤 11 按Enter键，显示成绩表的制作时间，即可完成表格的制作。

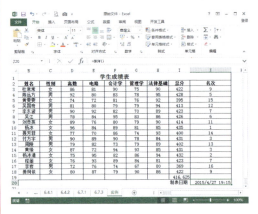

完成表格的制作

数据管理与分析

在工作中，经常需要对大量的业务数据进行分析和处理。本章以Excel软件的实际操作，全面地介绍了Excel在数据的组织、管理、计算和分析等方面的强大功能，主要包括数据的排序方法、数据的筛选、条件格式的应用以及分类汇总几个方面的知识。

本章所涉及到的知识要点：

◆ 数据的排序　　　　　　◆ 数据的特殊排序

◆ 数据的筛选　　　　　　◆ 条件格式的应用

◆ 表格数据的分类汇总

本章内容预览：

快速排序

自动筛选

单项分类汇总

7.1 数据的排序

对工作表中的数据进行分析和处理时，经常需要对数据进行排序操作，Excel提供了对数据列表进行排序的多种方式，用户可以根据工作表中数据的类型，选择合适的排序方法。

7.1.1 快速排序

Excel工作表中包含许多数据，比如所有厂家的报价、所有员工的年龄等。用户可以通过简单的操作，使数据快速升序或降序排列。

步骤 01 打开工作簿，选中需要排序的列中的任一单元格，切换至"数据"选项卡，单击"排序和筛选选项组中的"升序"按钮。

单击"升序"按钮

步骤 02 此时在工作表中，"年龄"列中的单元格数据已经按照从小到大升序排列了。

快速排序

7.1.2 多条件组合排序

如果需要按"部门"、"学历"、"学位"对数据进行排序，可以这样操作：

步骤 01 打开工作表，选中数据表格中任意一个单元格，切换至"数据"选项卡，单击"排序和筛选"选项组中的"排序"按钮。

单击"排序"按钮

步骤 02 打开"排序"对话框，将"主要关键词"设置为"部门"，单击"添加条件"按钮。

设置"主要关键字"

步骤 03 将"次要关键词"设置为"学历"，再按此操作设置"次要关键字"为"学位"，并设置好排序方式（"升序"或"降序"），单击"确定"按钮。

设置"次要关键字"

步骤 04 设置完成后，返回到工作表，即可看到工作表已经按照设定的条件重新排序。

完成排序

7.1.3 让序号不参与排序

在对Excel工作表中的数据进行排序时，通常希望位于第1列的序号不参加排序，下面介绍两种操作方法：

方法一： 应用快捷菜单设置

在序号列与其他数据列之间插入一列空列，再选中插入的空列，单击鼠标右键，在弹出的快捷菜单中选择"隐藏"命令。

方法二： 应用公式设置

在序号起始终单元格(如A3)中输入公式"=IF（B3<>""ROW()-2,""）"（此处假定序号"1"从第3行开始），然后选中该单元格的填充手柄，将公式复制到以下单元格中即可。

操作提示

排序条件说明

除了按照数值外，Excel还提供了按单元格颜色、字体颜色、单元格图标的排序。另外，如果用户的单元格中包含姓名列，那么Excel也可以提供按姓名笔画排序的功能。在"选项"中，选择"笔划排序"单选按钮。

7.2 数据的特殊排序

当把表格的数据按数字或字母顺序进行排序时，Excel的排序功能能够很好地工作，但是如果用户希望把某些数据按照自己的想法来排序，在默认情况下，Excel是无法完成任务，下面介绍如何对数据进行特殊排序。

7.2.1 按颜色排序

按照单元格或单元格的颜色排序操作如下：

步骤 01 打开工作簿，选择"日期"列中任一单元格，执行"数据>排序和筛选>排序"命令。

单击"排序"按钮

步骤 02 在"排序"对话框中，将"主要关键字"设置为"日期"，"排序依据"设置为"单元格颜色"，单击"次序"选项右边的下拉按钮，选择一种颜色，设置位置为"在顶端"。

设置主要条件

步骤 03 单击"添加条件"按钮,设置"次要关键字",再选择一种颜色,设置其位置为"在底端",单击"确定"按钮。

设置次要条件

步骤 04 返回工作表中,此时数据已经重新排序,并且按照设定的颜色顺序进行排列。

完成排序

7.2.2 用函数进行排序

在工作中,对数据清单排序或筛选,都会改变其原有位置,在这里以学生成绩排名为例,介绍Excel中应用函数RANK进行排序的使用方法,该方法不会改变原数据清单的位置。

步骤 01 打开工作表,选择H3单元格,在编辑栏中输入公式"=Rank(G3,G3:G17)"。

输入函数

步骤 02 按下Enter键得出结果,再选择H3单元格,将鼠标移动到单元格右下角,向下拖动控制柄,填充至H17单元格,这时会发现排序有误。

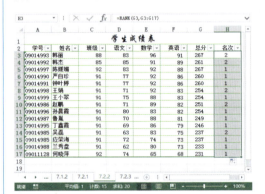

错误排序

步骤 03 错误的根源在于由参数G3:G17是相对引用,这样在复制单元格的过程中会发生变化。将G3:G17更改为绝对引用$G$3:$G$17。

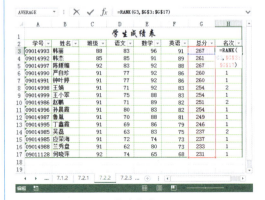

修改公式

步骤 04 按Enter键即可得出正确的排序，并将公式填充至H17单元格，排序结果显示如下。

得出正确排序

7.2.3 按笔画排序

在制作包含姓氏内容的工作表时，Excel在默认情况下按字母顺序进行排序。用户可根据实际需要对姓名按照笔画进行排序。

步骤 01 打开工作簿，选中要排序的单元格区域，切换至"数据"选项卡，单击"排序和筛选"选项组中的"排序"按钮。

单击"排序"按钮

步骤 02 打开"排序"对话框，将"主要关键字"设置为"姓名"，"排序依据"设置为"数值"，"次序"设置为"升序"，再单击"选项"按钮。

设置排序条件

步骤 03 打开"排序选项"对话框，在"方法"区域中选择"笔画排序"单选按钮，单击"确定"按钮。

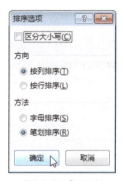

"排序选项"对话框

步骤 04 返回到工作表中，可以看到字段"姓名"列中的单元格内容已经按汉字笔画顺序进行排列了。

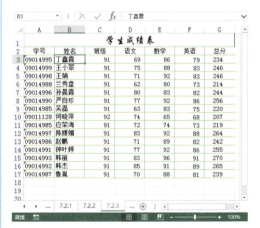

完成排序

7.2.4 按行排序

许多用户认为Excel只能按列进行排序，实际上，Excel也能够按行排序，其具体操作步骤如下：

步骤 01 打开工作簿，选中需要排序的单元格区域，切换至"数据"选项卡，单击"排序和筛选"选项组中的"排序"按钮。

单击"排序"按钮

步骤 02 打开"排序"对话框，单击"选项"按钮。

"排序"对话框

步骤 03 弹出"排序选项"对话框，在"方向"区域中选择"按行排列"单选按钮，单击"确定"按钮。

"排序选项"对话框

步骤 04 返回到"排序"对话框，将"主要关键字"设置为"行4"，然后单击"确定"按钮。

设置"主要关键字"

步骤 05 设置后，返回到工作表，即可看到字段"完成日期"行中的单元格已经按照日期先后进行排序了。

完成排序

操作提示

行排序需要注意

在使用按行排序时，不能像使用按列排序时一样选定目标区域。因为Excel的排序功能中没有"标题列"的概念，所以如果选定全部数据区域再按行排序，标题列也会参与排序，出现意外的结果。

另外，在进行行排序时，一般第一列为标题，那么在进行选定操作时，尽量不要选择第一列的标题列。这样，就不会将标题列一起进行排序操作了。

7.2.5 随机排序

虽然在很多时候，我们都需要对数据列表中的数据进行有规则的排序。但是，有时候也需要打乱顺序，进行无规则排序，例如，考场上安排座位。使用RAND随机函数，可以帮助数据巧妙地实现随机排序，其具体操作方法如下：

步骤 01 打开工作表，在工作表的右侧添加"次序"列。

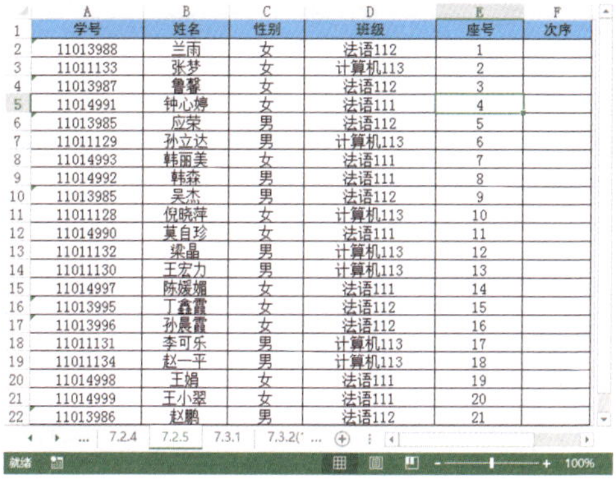

学号	姓名	性别	班级	座号	次序
11013988	兰雨	女	法语112	1	
11011133	张梦	女	计算机113	2	
11013987	鲁黎	女	法语112	3	
11014991	钟心婷	女	法语111	4	
11013985	应荣	男	法语112	5	
11011129	孙立达	男	计算机113	6	
11014993	韩丽美	女	法语111	7	
11014992	韩森	男	法语111	8	
11013985	吴杰	男	法语112	9	
11011128	倪晓萍	女	计算机113	10	
11014990	莫自珍	女	法语111	11	
11011132	梁晶	男	计算机113	12	
11011130	王宏力	男	计算机113	13	
11014997	陈媛媚	女	法语111	14	
11013995	丁鑫雷	女	法语112	15	
11013996	孙晨霞	女	法语112	16	
11011131	李可乐	男	计算机113	17	
11011134	赵一平	男	计算机113	18	
11014998	王娟	女	法语111	19	
11014999	王小翠	女	法语111	20	
11013986	赵鹏	男	法语112	21	

创建辅助列

步骤 02 在单元格F2中输入公式“=RAND()”，然后复制F2单元格的公式至F22单元格。

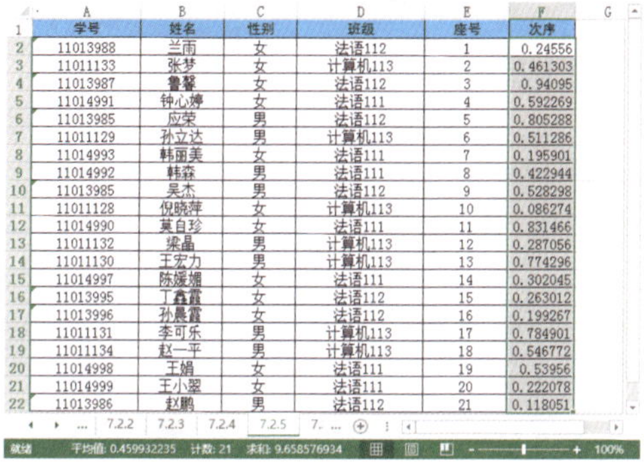

学号	姓名	性别	班级	座号	次序
11013988	兰雨	女	法语112	1	0.24556
11011133	张梦	女	计算机113	2	0.461303
11013987	鲁黎	女	法语112	3	0.94095
11014991	钟心婷	女	法语111	4	0.592269
11013985	应荣	男	法语112	5	0.805288
11011129	孙立达	男	计算机113	6	0.511286
11014993	韩丽美	女	法语111	7	0.195901
11014992	韩森	男	法语111	8	0.422944
11013985	吴杰	男	法语112	9	0.528298
11011128	倪晓萍	女	计算机113	10	0.086274
11014990	莫自珍	女	法语111	11	0.831466
11011132	梁晶	男	计算机113	12	0.287056
11011130	王宏力	男	计算机113	13	0.774296
11014997	陈媛媚	女	法语111	14	0.302045
11013995	丁鑫雷	女	法语112	15	0.263012
11013996	孙晨霞	女	法语112	16	0.199267
11011131	李可乐	男	计算机113	17	0.784901
11011134	赵一平	男	计算机113	18	0.546772
11014998	王娟	女	法语111	19	0.53956
11014999	王小翠	女	法语111	20	0.222078
11013986	赵鹏	男	法语112	21	0.118051

输入公式，产生随机数据

步骤 03 选择工作表中任一单元格，单击“开始”选项卡下的“排序和筛选”按钮，在下拉菜单中选择“升序”选项。

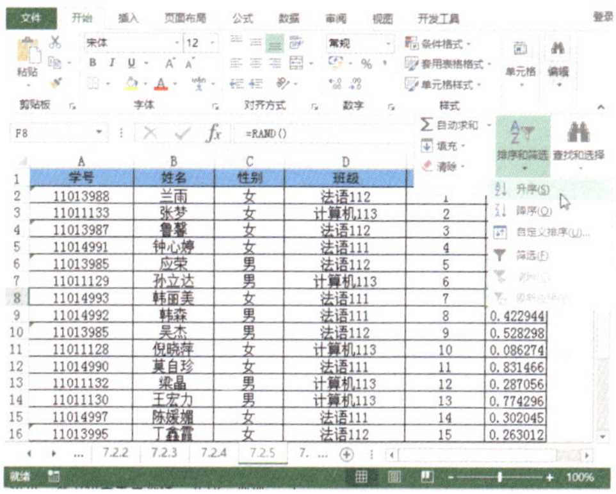

单击“排序和筛选”按钮

步骤 04 删除辅助列，即可完成随机排序。

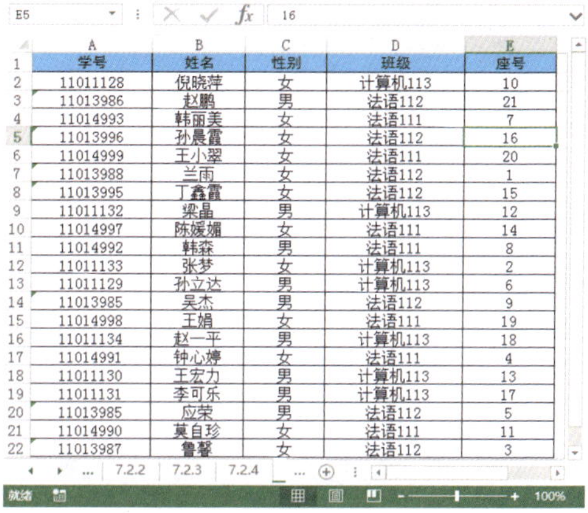

学号	姓名	性别	班级	座号
11011128	倪晓萍	女	计算机113	10
11013986	赵鹏	男	法语112	21
11014993	韩丽美	女	法语111	7
11013996	孙晨霞	女	法语112	16
11014999	王小翠	女	法语111	20
11013988	兰雨	女	法语112	1
11013995	丁鑫雷	女	法语112	15
11011132	梁晶	男	计算机113	12
11014997	陈媛媚	女	法语111	14
11014992	韩森	男	法语111	8
11011133	张梦	女	计算机113	2
11011129	孙立达	男	计算机113	6
11013985	吴杰	男	法语112	9
11014998	王娟	女	法语111	19
11011134	赵一平	男	计算机113	18
11014991	钟心婷	女	法语111	4
11011130	王宏力	男	计算机113	13
11011131	李可乐	男	计算机113	17
11013985	应荣	男	法语112	5
11014990	莫自珍	女	法语111	11
11013987	鲁黎	女	法语112	3

随机排序效果

7.3 数据的筛选

筛选工作表中的数据，可以使用户快速寻找和使用数据清单中的数据子集。筛选功能可以使Excel只显示出符合用户设定筛选条件的某一值或一组条件的行，而隐藏其他行。在Excel中提供了“自动筛选”和“高级筛选”命令来筛选数据。

7.3.1 自动筛选

使用Excel的筛选功能可以快速地按照某种条件选出匹配的数据，下面将进行详细介绍。

步骤 01 打开工作表，选择要执行筛选操作列的任一单元格，切换至“数据”选项卡，单击“排序和筛选”选项组中的“筛选”按钮，启用筛选功能。

单击"筛选"按钮

步骤 02 此时在标题单元格中出现下拉按钮，单击"数学"后的下拉按钮，打开下拉菜单，勾选88复选框。

设置筛选条件

步骤 03 设置完成后，单击"确定"按钮，既可得到想要的结果。

显示筛选结果

7.3.2　高级筛选

前面介绍的自动筛选适用于条件简单的筛选操作，符合条件的记录只能显示的在原有的数据表格中，不符合条件的记录将自动隐藏。

若要筛选单元格中含有指定关键字的记录，被筛选的多个条件间是"或"的关系，且需要将筛选的结果在新的位置显示出来，自动筛选就无法满足用户的需求了，此时用户可以使用Excel提供的高级筛选功能。

高级筛选一般用于条件较复杂的筛选操作，筛选结果可显示在原数据表格中，不符合条件的记录被隐藏起来；也可以在新的位置显示筛选结果，不符合的条件的记录同时保留在数据表中而不会被隐藏起来，这便于进行数据的比对。

1 满足其中一个条件筛选

满足其中一个条件筛选，也就是在查找时只要满足几个条件当中的一个，记录就会显示出来。

下面应用一个实例进行介绍，要求筛选出初试成绩为197或复试成绩为158的记录，具体操作步骤如下：

步骤 01 打开工作表，在H3:I5单元格区域中输入筛选条件，然后切换至"数据"选项卡下，单击"排序和筛选"选项组中的"高级"按钮。

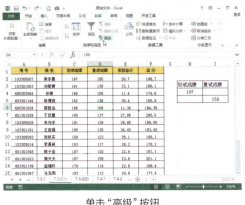

单击"高级"按钮

步骤 02 在"高级筛选"对话框中，分别设置"列表区域"和"条件区域"，并单击"确定"按钮。

"高级筛选"对话框设置

步骤 03 完成后返回工作表中得出筛选结果。

筛选结果

2 同时满足多个条件筛选

同时满足多条件筛选是指将同时满足指定的多个条件，记录会自动显示，操作步骤如下：

步骤 01 打开工作表，在H3:I4单元格区域中输入筛选条件，并执行"数据>排序和筛选>高级"命令。

单击"高级"按钮

步骤 02 在"高级筛选"对话框中，分别设置"列表区域"和"条件区域"，并单击"确定"按钮。

"高级筛选"对话框设置

步骤 03 设置完成后，即可将满足条件的记录筛选出来。

筛选结果

7.3.3　输出筛选结果

在应用高级筛选功能筛选数据时，不但可在原表格上显示筛选结果，还可将筛选结果输出到其他位置，形成新的表格。

例如，将筛选结果输出到其他工作簿中为例，用户应先选定目标工作表，然后再进行高级筛选，其具体操作步骤如下：

步骤 01 打开工作表，按照上节案例中介绍的方法打开"高级筛选"对话框，选中"将筛选结果复制到其他位置"单选按钮，单击范围选取按钮设置"列表区域"以及"条件区域"，最后单击"确定"按钮。

"高级筛选"对话框设置

步骤 02 返回工作表中，查看得出的筛选结果。

输出结果

7.4 条件格式的应用

我们知道，Excel"条件格式"功能可以根据单元格内容有选择地自动应用格式，它在为Excel增色不少的同时，也为我们标记工作表中的数据带来很多方便。如果让"条件格式"和公式结合使用，则可以发挥更大的威力。

7.4.1 突出显示指定条件的单元格

下面以显示成绩表中的学号列中重复学号的条件为例，来介绍具体操作步骤：

步骤 01 打开工作表，选中"学号"列，在"开始"选项卡下的"样式"选项组中的"条件格式"下三角按钮，选择"突出显示单元格规则 > 重复值"选项。

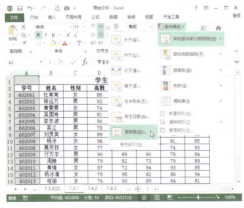

"重复值"命令

步骤 02 打开"重复值"对话框，在对话框中设定是"重复"还是"唯一"，并单击"设置为"右侧的下拉按钮，在打开的列表中选择一种显示格式，单击"确定"按钮。

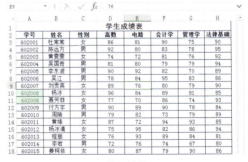

"重复值"对话框

步骤 03 设置后返回工作表中，查看显示结果。

显示结果

7.4.2 突出显示指定条件范围的单元格

下面以突出显示总分前十名同学的成绩单元格为例，来进行具体介绍。

步骤 01 打开工作表，选中"高数"列，在"开始"选项卡在单击"样式"选项组的"条件格式"下三角按钮，选择"项目选取规则＞值最大的10项"选项。

选择"前10项"选项

操作提示

自定义显示满足条件数据

在"前10项"对话框中，单击"设置为"后面的下拉按钮，选择"自定义格式"选项，在弹出的"设置单元格格式"对话框中，为满足条件的值设置特别的字体、边框、填充等条件，单击"确定"按钮后，自定义显示筛选的数据。

步骤 02 打开"前10项"对话框，调整左侧的数值，在"设置为"的下拉列表中选择一种显示格式，单击"确定"按钮。

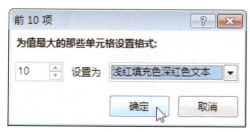

"前10项"对话框设置

步骤 03 返回工作表中，查看显示效果。

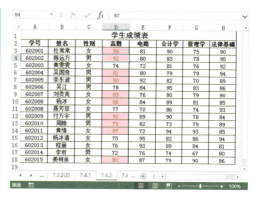

显示结果

7.4.3 数据条、色阶及图标集

在Excel的条件格式功能中，除了"突出显示单元格规则"外，还有"数据条"、"色阶"及"图标"等功能，下面以设置"数据条"格式为例介绍其操作方法。

步骤 01 打开工作表，选择需要添加数据条的单元格区域，在"开始"选项卡下的"样式"选项组中单击"条件格式"下三角按钮，选择"数据条"选项，在展开的列表中选择一种合适的样式，在工作表中可以看到预览效果，单击即可应用该数据条样式。

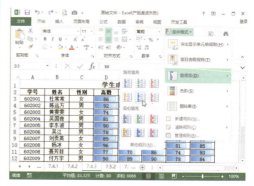

数据条显示

步骤 02 此时如果要修改"数据条"的属性，则选中需要修改数据条属性的单元格区域，单击"样式"组中的"条件格式"下三角按钮，选择"数据条"选项，在子列表中选择"其他规则"选项。

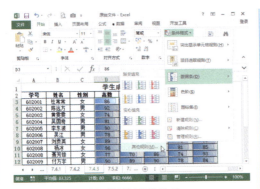

选择"其他规则"选项

步骤 03 打开"新建格式规则"对话框，单击"格式样式"右侧的下拉按钮，在下拉列表中选择一种样式；再设置"最小值"、"最大值"的类型，并根据表格的色彩搭配，调整好颜色。全部设置完成后，单击"确定"按钮。

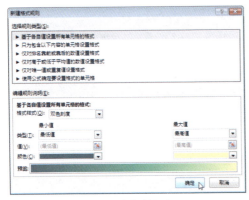

设置新建格式规则

步骤 04 返回工作表中，查看设置后的效果。

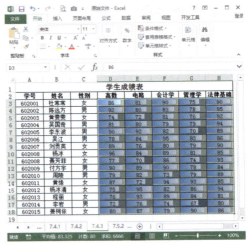

查看设置效果

操作提示

🔒 **条件格式的设置**

用户可以使用多种条件格式来表现单元格数值的大小以及与其他数值的关系。

数据条使用一种颜色的矩形长度来定义单元格中值的大小。

色阶使用带有背景色的数据条来表现数值的大小。

图标集使用带颜色的箭头、图标等来表现数值与平均值之间的关系。

用户可以使用"新建规则"选项来建立用户的数据条件格式。如果不需要这种条件格式的话，可以选择"清除规则"选项。

7.5 表格数据的分类汇总

分类汇总指的是对工作表中的数据进行数据管理，使数据条理化和明确化后，利用Excel本身所提供的函数，对数据进行的一种汇总。

7.5.1 分类汇总要素

在进行分类汇总操作之前，首先要确定分类的依据，如果要考查不同销售人员的销售业绩，可以按销售员分类汇总；如果要分析不同产品的销售情况，可以按产品编号分类汇总；还可以按销售日期、产品类别等其它指标分类汇总。

在确定了分类依据以后，并不能直接进行分类汇总，还必须按照选定的分类依据将数据排序，否则可能会造成分类汇总的错误。

7.5.2 单项分类汇总

单项分类汇总是指按照数据表格的一个字段做汇总的方式。

如计算一个班中男女成绩的平均值,即把男生跟女生的平均成绩分别进行分类汇总,操作步骤如下:

步骤 01 打开工作表,选择要排序的字段C列中中任一单元格,切换至"数据"选项卡,单击"排序与筛选"选项组中的"升序"按钮。

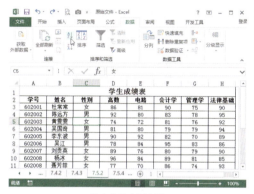

单击"升序"按钮

步骤 02 返回工作表,可以看到男女成绩已经按照性别分类,再执行"数据>分级显示>分类汇总"命令。

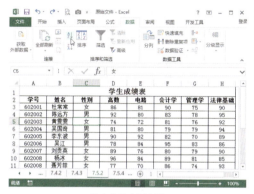

单击"分类汇总"按钮

步骤 03 打开"分类汇总"对话框,在对话框中设置"分类字段"为"性别",设置"汇总方式"为"平均值",在"选定汇总项"列表中勾选"总分"复选项,单击"确定"按钮。

"分类汇总"对话框

步骤 04 设置完成后,即可看到进行单项分类汇总的效果。

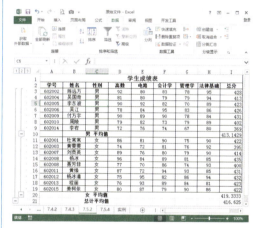

分类汇总结果

7.5.3 嵌套分类汇总

如上小节的例子中,在得出男女平均分的基础上,还要统计男女生的人数,只要分两次进行分类汇总即可。需要注意的是,再次求人数的汇总时,要把"分类汇总"对话框内的"替换当前分类汇总"复选框中的"√"去掉。

步骤 01 执行"数据>分级显示>分类汇总"命令,打开"分类汇总"对话框,设置"分类字段"为"性别","汇总方式"为"计数",取消勾选"替换当前分类汇总"复选框。

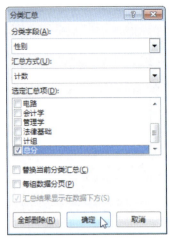

"分类汇总"对话框

步骤 02 然后单击"确定"按钮，返回工作表，查看分类汇总后效果。

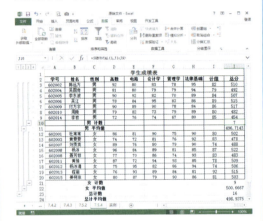

分类汇总结果

7.5.4 删除分类汇总

在分类汇总后，用户也可以根据实际需要替换或删除当前的分类汇总，具体操作步骤如下。

步骤 01 打开已经进行分类汇总的工作簿，选中分类汇总结果单元格区域，切换至"数据"选项卡，单击"分级显示"选项组中的"分类汇总"按钮。

步骤 02 打开"分类汇总"对话框，单击"全部删除"按钮。

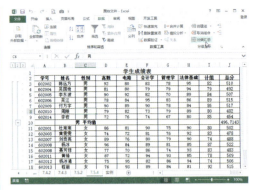

已经分类汇总的工作簿

单击"全部删除"按钮

步骤 03 返回工作表，可以看到已经恢复到分类汇总前的状态。

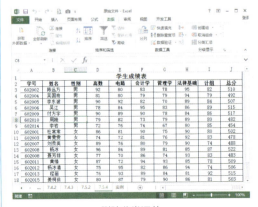

删除分类汇总

7.6 合并计算

合并计算是指对多个数据列表中的数据，根据指定的关键字，对关键字值相同的数据值字段进行汇总计算，得到多个数据表列的汇总数据，从而形成一个汇总数据表的方法。合并计算可以根据引用区域的不同，分为同一工作簿中工作表的合并计算和不同工作簿中工作表的合并计算。

7.6.1 对同一工作簿中的工作表合并计算

对同一工作簿进行合并计算时，用户可以利用合并计算生成汇总表，也可以进行多表汇总。

❶ 利用合并计算快速生成汇总表

用户喜欢用多个工作表管理不同数据，若用户希望根据这些工作表得到一张新的汇总表，用公式计算会非常麻烦，这时，用户可以利用合并计算功能来实现。例如：有三张学生成绩统计表，希望将数据合并后存放在新工作表中，其操作步骤如下：

步骤 01 打开一张空白工作表，选中A1单元格，然后单击"数据"选项卡下的"合并计算"按钮。

单击"合并计算"按钮

步骤 02 弹出"合并计算"对话框，单击"引用位置"右侧的折叠按钮，选取"成绩表1"中的A1:E10单元格区域，然后单击"添加"按钮。

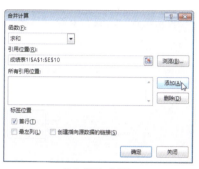

单击"添加"按钮

步骤 03 重复上述步骤，依次添加"成绩表2"与"成绩表3"中的A1:E10单元格区域，勾选"最左列"复选框，然后单击"确定"按钮，即可将几个数据表中的数据汇总到一张工作表中。

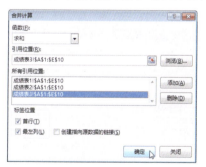

添加多个引用位置

汇总表格

2 多表合并计算

上述例子中，介绍的是怎样将不同工作表中数据汇总至一张表格内，接下来将介绍如何将不同表格中的数据汇总并进行计算。例如：已知某公司的1、2、3号店的销售统计报表，希望统计出各产品的季度累计销售数量，操作步骤如下：

步骤01 打开一张空白工作表，选中A1单元格，然后单击"数据"选项卡下的"合并计算"按钮。

单击"合并计算"按钮

步骤02 弹出"合并计算"对话框，单击"引用位置"右侧的折叠按钮，选取"1号店"工作表中的A1:E7单元格区域，然后单击"添加"按钮。

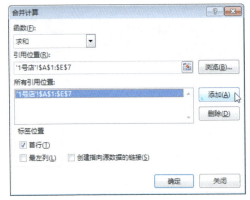

单击"添加"按钮

步骤03 重复上述步骤，依次添加"2号店"与"3号店"中的A1:E7单元格区域，勾选"首行"和"最左列"复选框，然后单击"确定"按钮，即可将多表数据合并计算。

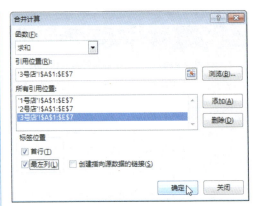

添加多个引用位置

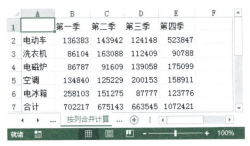

	A	B	C	D	E	F
1		第一季	第二季	第三季	第四季	
2	电动车	136383	143942	124148	523847	
3	洗衣机	86104	163088	112409	90788	
4	电磁炉	86787	91609	139058	175099	
5	空调	134840	125229	200153	158911	
6	电冰箱	258103	151275	87777	123776	
7	合计	702217	675143	663545	1072421	

汇总表格

7.6.2 对不同工作簿中的工作表合并计算

本案例中，各个分店会将各自的报表保存在工作簿中发给总公司。总公司必须将各分店报表合并计算，才能形成总公司报表，这就要用到对多个工作簿的工作表进行合并计算，步骤如下：

步骤01 分别打开1、2、3号店工作簿，并打开进行合并计算的工作簿，选中A1单元格。

依次打开各个工作簿

步骤 02 切换至"数据"选项卡，单击"合并计算"按钮。

单击"合并计算"按钮

步骤 03 弹出"合并计算"对话框，单击"引用位置"右侧的折叠按钮。

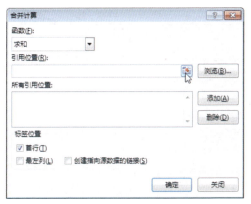

单击折叠按钮

步骤 04 切换至"1号店"工作簿，选取工作表中的A1:E7单元格区域，然后单击折叠按钮。

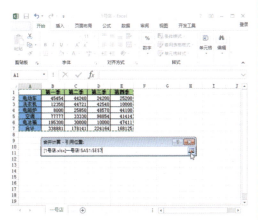

选取引用位置

步骤 05 返回"合并计算"对话框，单击"添加"按钮，引用范围出现在"所有引用位置"列表框中。

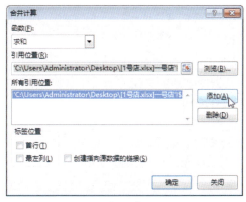

单击"添加"按钮

步骤 06 重复步骤3～步骤5，依次添加"2号店"工作簿与"3号店"工作簿中的A1:E7单元格区域，勾选"首行"和"最左列"复选框，然后单击"确定"按钮。

单击"确定"按钮

步骤 07 即可完成多工作簿数据的合并计算。

多工作簿合并计算

7.6.3 合并计算中源区域引用的编辑

在合并计算完成后，用户还可以对引用的区域进行编辑，包括对源区域引用的修改、添加和删除，下面将对其进行分别介绍。

1 源区域引用的修改和添加

对源区域引用的修改是很容易就可以实现的，其操作步骤如下：

步骤01 打开"合并计算"对话框，在"所有引用位置"列表框中选中需修改的引用区域，然后单击"引用位置"右侧的折叠按钮。

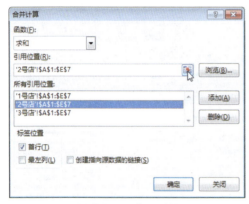

单击"引用位置"折叠按钮

步骤02 弹出"合并计算-引用位置"对话框，鼠标选取需要修改的引用区域，然后单击折叠按钮，返回对话框中单击"确定"按钮即可。

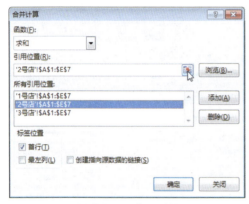

修改引用位置

源数据引用的添加操作同修改操作大致相同，只需单击折叠按钮，选取引用范围，然后单击"添加"按钮即可。

2 源区域引用的删除

若用户希望删除某源区域的引用，同样可以通过"合并计算"对话框来实现。只需打开"合并计算"对话框，在"所有引用位置"列表框中选中需删除的引用区域，单击"删除"按钮，然后单击该对话框中的"确定"按钮，即可完成删除源区域引用操作。

单击"删除"按钮

7.6.4 自动更新合并计算的数据

创建合并计算后，用户可以通过链接功能实现自动更新合并计算数据，这样，当源数据发生改变时，Excel会自动更新合并计算表格中的结果。

当需要更新合并计算的数据时，首先打开"合并计算"对话框，勾选"创建指向源数据的链接"复选框，然后根据需要设置参数即可。

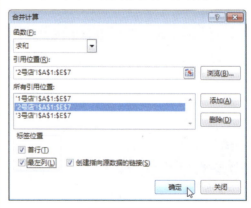

创建源数据的链接

综合案例｜对员工培训成绩表进行排序和筛选

通过本章的学习，用户可以熟练的利用Excel的筛选和排序等功能对表格进行分析操作。下面就以对员工培训成绩进行排序和筛选为例，来进行实际案例的操作。

步骤 01 打开"企业新进员工培训成绩统计表"工作表，选择所需单元格区域，执行"数据>排序和筛选>排序"命令。

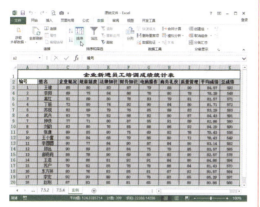

单击"排序"按钮

步骤 02 打开"排序"对话框，设置"主要关键字"为"总成绩"，"排序依据"为"数值"，"次序"为"降序"。

设置主要关键字

步骤 03 单击"添加条件"按钮，依次添加多个"次要关键词"条件，单击"确定"按钮。

设置其余次要关键字

步骤 04 如此即可看到员工的名单按照所设置的条件重新排列了。

查看排序结果

步骤 05 选择C列数据，执行"开始>样式>条件格式>项目选取规则>前10项"命令，打开"前10项"对话框，在"设置为"列表中选择一种显示方式，单击"确定"按钮。

"前10项"对话框

步骤 06 设置完成后，返回工作表中查看效果。

完成效果

数据的动态统计分析

Excel具有一般电子表格软件所不具备的强大的数据处理和数据分析功能，它提供了许多数据分析工具，数据透视表是Excel中最常用、功能最强的数据分析工具之一。应用数据透视表分析数据时，只需要正确地选择适当的参数，即可得到相应的分析结果。本章将详细介绍数据透视表和数据透视图的相关知识。

本章所涉及到的知识要点：

◆ 创建数据透视表　　　　◆ 添加数据视表字段

◆ 编辑数据透视表　　　　◆ 创建数据透视图

◆ 编辑数据透视图

本章内容预览：

创建数据透视表

数据透视表布局方式

创建数据透视图

8.1 创建和删除数据透视表

数据透视表是Excel表格提供的数据分析工具，能较快的将所需数据呈现在表格或者图形中，帮助用户分析、组织数据。

8.1.1 创建数据透视表

在Excel 2013中，创建数据透视表可以对数据清单进行重新组织和统计，也可以显示不同页面来筛选数据，还可以根据用户的需要显示相关区域中的细节数据，具体的操作步骤如下：

步骤 01 打开工作表，选择表中的任一单元格，执行"插入＞表格＞数据透视表"命令。

单击"数据透视表"按钮

步骤 02 打开"创建数据透视表"对话框，选择要创建数据透视表的表格区域，将数据透视表放置为新工作表，单击"确定"按钮。

"创建数据透视表"对话框

步骤 03 返回工作表中，即进入数据透视表的视图界面。

数据透视表视图界面

步骤 04 在窗口右侧的"数据透视表字段"导航窗格中包含所有字段，勾选字段前面的复选框，即可显示相应的数据透视表内容。

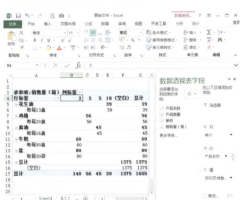

完成数据透视表的创建

8.1.2 添加字段

创建数据透视表以后，用户可以根据需要为数据透视表添加需要的字段，具体操作如下。

步骤 01 打开工作表，在透视表任意处单击，随后出现"数据透视表字段"导航窗格，勾选"学号"复选框。

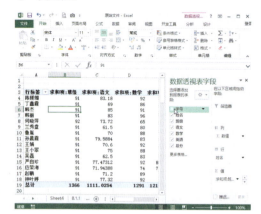

勾选"学号"复选框

步骤 02 使用鼠标拖动"学号"复选框至"行标签"中，即可完成字段的添加。

成功添加字段

8.1.3 删除数据透视表

下面以8.1.2小节中添加的数据透视表为例，介绍删除数据透视表的操作方法：

步骤 01 打开数据透视表，并选择表中任意单元格，切换至"数据透视表工具-分析"选项卡。

切换至"分析"选项卡

步骤 02 单击"操作"选项组中的"选择"下三角按钮，在下拉列表中选择"整个数据透视表"选项。

选择"整个数据透视表"选项

步骤 03 在键盘上按Delete键，即可将数据透视表删除。

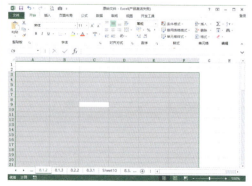

删除整个数据透视表

8.2　数据透视表的使用

Excel数据透视表是一种交互的、交叉制表的报表，用于对多种来源（包括Excel的外部数据源）的记录数据进行汇总和分析，从而非常方便地对数据进行分析和管理。

8.2.1　使用数据透视表查看数据

Excel数据透视表是组织和分析财务数据的理想工具。例如，用户要创建一个包含差旅住宿费的工作表，需要按照"姓名"查看各员工报销的费用，以及报销的次数。

步骤 01 用户先创建一个包含差旅住宿费的电子表格，包括日期、姓名、类别和金额。

创建工作表

步骤 02 切换至"插入"选项卡，单击"表格"选项组中的"数据透视表"按钮。

单击"数据透视表"按钮

步骤 03 弹出"创建数据透视表"对话框，选择区域，单击"确定"按钮，在"数据透视表字段"窗格中设置，完成后，查看创建的数据透视表。

设置字段

8.2.2　编辑数据透视表

透视表创建完成后，用户可以根据需要对透视表的样式、布局以及透视表的位置进行设置。

1 更改透视表样式

为了让透视表的整体外观看起来大方、美观，用户可以通过"数据透视表工具"的"设计"选项卡，对透视表的样式进行设置，其具体的操作步骤如下：

步骤 01 选择数据透视表中任意单元格，执行"数据透视表工具-设计>数据透视表样式>其他"命令，展开数据透视表样式下拉列表。

选择透视表样式

步骤02 选择"数据透视表样式中等深浅14"选项，即可更改数据透视表样式。

应用透视表样式

自动更新数据

打开数据透视表，选择任意单元格，在"分析"选项卡中，单击"数据透视表"选项组中的"选项"按钮，打开"数据透视表选项"对话框，切换到"数据"选项卡，勾选"打开文件时刷新数据"复选框，单击"确定"按钮。重新启动Excel软件，该功能方可生效。此后每次打开透视表时，系统将会自动刷新数据。

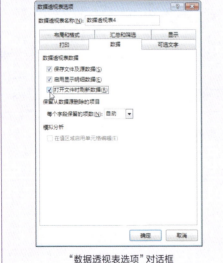

"数据透视表选项"对话框

2 更改透视表布局

数据透视表的布局包括"以压缩形式显示"、"以大纲形式显示"、"以表格形式显

示"三种，用户可以根据需要调整报表布局。

打开数据透视表，切换至"数据透视表工具-设计"选项卡，单击"布局"选项组的"报表布局"下三角按钮，在展开的列表中进行相应的选择即可。

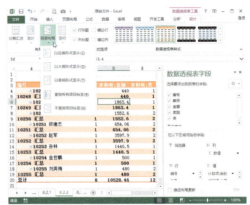

单击"报表布局"按钮

（1）以压缩形式显示

该布局可以使有关数据在屏幕上水平折叠并将实现最小化滚动。也就是，该布局形式适合使用"展开"和"折叠"按钮。

压缩形式布局

（2）以大纲形式显示

该布局会将分类汇总显示在每组的顶部。也可以使用"设计"选项卡下"布局"选项组中的"分类汇总"下三角按钮，选择相关选项将其移至每组的底部。

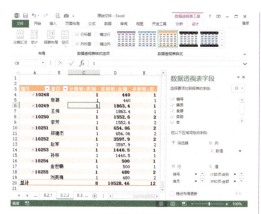

大纲形式布局

（3）以表格形式显示

该布局可以以传统的表格形式查看数据，并可以方便地将单元格内容复制到其他工作表中。

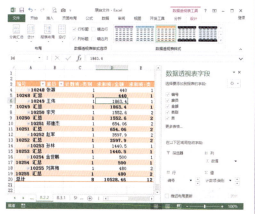

表格形式布局

3 对透视表中数据进行排序

在数据透视表中，用户也可根据需要对表中的数据进行排序操作，下面将举例来介绍其操作方法。

步骤 01 打开工作表，选中需排序的单元格，执行"数据>排序和筛选>排序"命令。

单击"排序"按钮

步骤 02 弹出"按值排序"对话框，选择"升序"单选按钮，并在"排序方向"选项区域中，选择"从上到下"单选按钮。

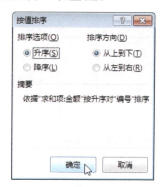

设置排序方式

步骤 03 单击"确定"按钮，返回工作表中，可见选中的"金额"数据列以升序进行排列。

排序结果

4 更改数据源

数据透视表创建后，若需要对数据透视表的数据进行更改，可以按照以下操作进行。

步骤 01 在"数据透视表工具-分析"选项卡下单击"更改数据源"下拉按钮，在列表中选择"更改数据源"选项。

选择"更改数据源"选项

步骤 02 弹出"更改数据透视表数据源"对话框，选择"选择一个表或区域"单选按钮，单击"表/区域"右侧的折叠按钮。

设置数据源

步骤 03 返回到工作表中，重新选择数据源区域，然后单击右侧折叠按钮，返回到对话框中，单击"确定"按钮即可完成更改操作。

选择数据区域

⑤ 为透视表添加分组

采用自定义的方式对字段中的项进行组合，

从而帮助用户的个人需要却无法采用其他方式轻松组合的数据子集，用户可以将所选内容进行分组。

步骤 01 选择要进行分组的数据区域，这里选择A4:E9单元格区域。

选择单元格区域

步骤 02 切换至"数据透视表工具-分析"选项卡，单击"分组"选项组中"组选择"按钮。

单击"组选择"按钮

步骤 03 返回工作表中，可见组合的"数据组1"，系统会自动将选定的内容归纳到"数据组1"中，并且在数据组名称和剩余的数据前面显示展开按钮。

分组结果

步骤 04 选中A10:F15单元格区域，单击"组选择"按钮，将选取的数据进行分组。

数据组2

6 为透视表应用样式设置

数据透视表创建后，为了使数据透视表更加美观，可以为其套用内置的数据透视表样式，也可以自定义数据透视表样式。

（1）使用内置数据透视表样式

系统提供了多种数据透视表样式，用户只需在"数据透视表样式"列表中选择样式即可，其操作如下：

步骤 01 打开包含数据透视表的工作表，切换至"数据透视表工具-设计"选项卡，在"数据透视表样式"选项组中，单击"其他"按钮，在打开的样式列表中，选择满意的样式。

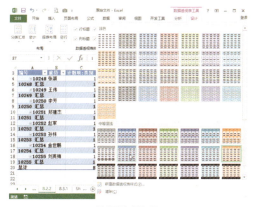

选择样式选项

步骤 02 选择完成后，即可套用透视表样式。返回工作表，查看套用样式后的数据透视表的效果。

查看设置结果

（2）自定义数据透视表样式

倘若数据透视表样式库中的样式满足不了用户需求，此时可以根据用户自己的想法去设计数据透视表的样式，下面将具体介绍自定义数据透视表样式的操作步骤。

步骤 01 选中需要设置样式的数据透视表，切换至"数据透视表工具-设计"选项卡，在"数据透视表样式"选项组中，单击"其他"按钮，在其下拉列表中选择"新建数据透视表样式"选项。

新建数据透视表样式

步骤 02 弹出"新建数据透视表样式"对话框，在"表元素"列表框中，选择要设置的透视表元素，此处选择"标题行"选项，然后单击"格式"按钮。

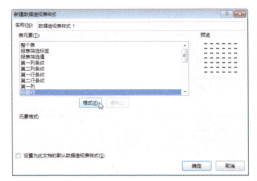

选择透视表元素

步骤 03 弹出"设置单元格格式"对话框，在"字体"选项卡中，对表格中的文本格式进行设置。

设置字体格式

步骤 04 在当前对话框中，切换至"填充"选项卡，根据需要选择填充背景色。

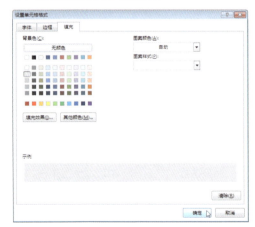

设置填充色

步骤 05 单击"确定"按钮，返回至上一层对话框，在"表元素"列表框中，选择"整个表"选项，并单击"格式"按钮，打开"设置单元格格式"对话框，将字体设置为"倾斜"，将"填充"设为"黄色"。

设置单元格格式

步骤 06 切换至"边框"选项卡，分别设置"内部"和"外边框"边框的样式，设置完成后，单击"确定"按钮，返回上一层对话框。

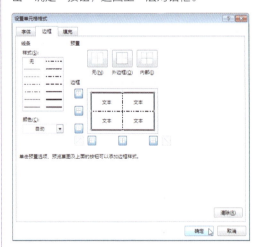

设置边框样式

步骤 07 选择"总计行"选项，单击"格式"按钮，并将其文本设为"红色"、"加粗倾斜"，将"填充"颜色设置为"灰色"，完成后单击"确定"按钮，返回上一层对话框，并单击"确定"按钮，即可完成自定义样式。

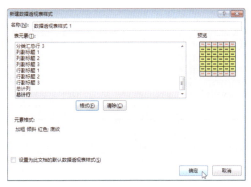

设置总计行样式

步骤 08 返回工作表中,单击"数据透视表样式"选项组中的"其他"按钮,在"自定义"选项区域中,即可显示自定义样式。

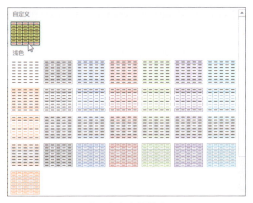

查看自定义的样式

步骤 09 选中该样式,则可直接套用在数据透视表中,查看自定义数据透视表样式的效果。

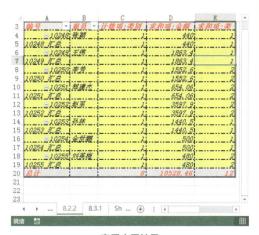

查看应用结果

步骤 10 在样式列表中,选中自定义的样式,单击鼠标右键,选择"修改"按钮,即可将自定义样式进行修改操作。

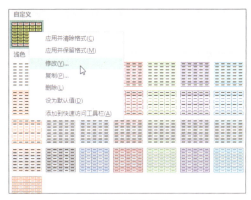

修改自定义的样式

8.2.3 切片器的应用

用Excel 2013的切片器功能,可以快捷查看数据透视表中的某项明细数据,而不用切换工作表进行筛选操作,下面将对其功能进行介绍。

1 使用切片器对数据进行筛选

在数据透视表中插入切片器,可以快速筛选数据,具体操作如下。

步骤 01 打开包含数据透视表的工作表,切换至"数据透视表工具-分析"选项卡,单击"筛选"选项组中的"插入切片器"按钮。

单击"插入切片器"按钮

步骤 02 弹出"插入切片器"对话框,勾选需要筛选的字段,单击"确定"按钮。

勾选字段复选框

步骤 03 即可自动插入所需的切片器，返回工作表，查看插入的切片器。

插入切片器

步骤 04 在"类别"切片器中，单击所需筛选的字段，这里选择"餐费"，此时在"雇员"、"金额"两个切片器已将餐费相关的数据信息筛选出来。

利用切片器进行筛选

步骤 05 此时，在数据透视表中，已将餐费信息筛选出来了。

查看筛选结果

2 使用切片器对数据进行排序

下面通过实例，详细介绍使用切片器进行排序的操作步骤。

步骤 01 在工作表中，选择需要排序的"金额"切片器，在"切片器工具-选项"选项卡中，单击"切片器"选项组的"切片器设置"按钮。

单击"切片器设置"按钮

步骤 02 弹出"切片器设置"对话框，在"项目排序和筛选"选项区域，单击"降序"单选按钮。

选择排序方式

步骤 03 单击"确定"按钮，即可完成"销售金额"切片器的数据排序。

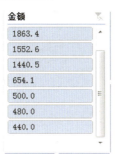

查看切片器排序结果

步骤 04 选中所需排列的切片器，在"选项"选项卡中，单击"排列"选项组中的"上移一层"或"下移一层"按钮，即可将重叠的切片器排列。

改变切片器层叠位置

步骤 05 选中所需的切片器，在"选项"选项卡的"大小"选项组中，根据需要，输入切片器高度和宽度值，在"按钮"选项组中设置切片器中按钮的大小。

设置切片器大小

高手妙招

自定义切片器样式

在切片器样式列表中，单击"新建切片器样式"选项，在打开的对话框中，对切片器样式进行设置，设置方法与新建数据透视表样式相同。

步骤 06 设置完成后，即可查看到切片器效果。

查看切片器设置效果

步骤 07 选中切片器，切换至"选项"选项卡，单击的"切片器样式"选项组中"其他"按钮，根据需要选择满意的样式。

设置切片器样式

步骤 08 选择完成后，即可套用系统预设好的切片器样式。

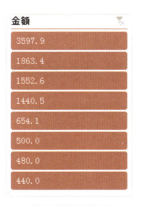

套用系统预设样式

8.3 创建数据透视图

数据透视表为用户提供了灵活、快捷的数据计算和组织工具。如果要将数据透视表的数据更加直观、动态地展现出来，则需要使用数据透视图。数据透视图是建立在数据透视表的基础之上，以图形方式展示数据，能使数据透视表更加生动。从另一角度说，数据透视图也是Excel创建动态图表的主要方法之一。

8.3.1 利用源数据创建

在没有创建数据透视表时，用户可以根据数据源表格直接创建数据透视图，操作步骤如下：

步骤 01 打开工作表，选中表格数据区域，执行"插入＞图表＞数据透视图"命令，在下拉列表中选择"数据透视图"选项。

选择"数据透视图"选项

步骤 02 弹出"创建数据透视图"对话框，单击"确定"按钮。

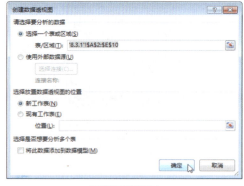

创建数据透视图

步骤 03 进入数据透视图设置状态，左侧是数据透视表区域，中间是数据透视图区域，右侧是"数据透视图字段"导航窗格。

空白数据透视图

步骤 04 在右侧的"数据透视图字段"导航窗格中，用鼠标将"产品名称"字段拖动至"轴（类别）"区域，"销售量"字段拖动至"值"区域，更改数据图标题。

创建完成数据透视图

8.3.2　利用数据透视表创建

如果用户已经创建好数据透视表，可以根据数据透视表快速的创建数据透视图，更加直观的显示数据透视表中的数据，具体操作步骤如下：

步骤 01 打开工作表，单击数据透视表中的任一单元格，切换至"数据透视表工具-分析"选项卡，单击"工具"选项组的"数据透视图"按钮。

单击"数据透视图"按钮

步骤 02 弹出"插入图表"对话框，在该对话框中选择合适的透视图，此处选择"三维簇状形图"样式，然后单击"确定"按钮。

"插入图表"对话框

步骤 03 进入数据透视图界面，并通过右侧的"数据透视图字段"窗格，完成数据透视图的设置。

完成数据透视图的创建

8.4　数据透视图的编辑

和数据透视表一样，数据透视图创建完成后，用户可以根据需要对数据透视图的类型以及格式等进行设置。

8.4.1　更改透视图类型

数据透视图创建完成后，如果对所选择的图表类型不满意，用户可以进行调整，数据透视图类型的更换操作如下：

步骤 01 打开包含数据透视图的工作表，选中数据透视图，切换至"数据透视图工具-设计"选项卡，单击"类型"选项组中"更改图表类型"按钮。

单击"更改图表类型"按钮

步骤 02 弹出"更改图表类型"对话框，该对话框中包括柱形图、折线图、饼图等类型。用户从中进行相应的选择，单击"确定"按钮。

选择"折线图"选项

步骤 03 返回工作表，查看更换类型后的效果。

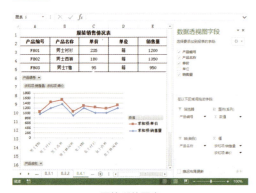

更换后的图表

步骤 04 在"图表布局"选项组中单击"添加图表元素"按钮，在下拉列表中选择"图表标题>图表上方"选项。

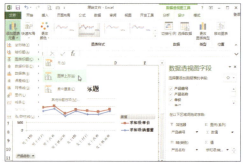

为图表添加标题

步骤 05 在标题处输入"服装销售情况图"文本，返回工作表查看效果。

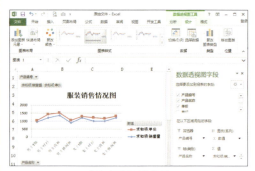

添加标题后的效果

8.4.2 对透视图数据进行筛选

与数据透视表一样，在数据透视图中也可以进行筛选操作，其操作方法如下：

步骤 01 选中要筛选的数据透视图，单击要筛选的字段，这里单击"产品名称"字段，并在其列表中选择筛选条件。

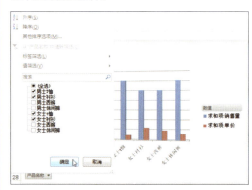

设置筛选条件

步骤 02 单击"确定"按钮，返回图表查看筛选后的结果。

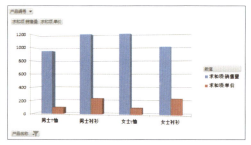

查看筛选结果

步骤 03 取消筛选后，单击"产品名称"按钮，在列表中选择"值筛选>前10项"选项。

选择"前10项"选项

步骤 04 弹出"前10个筛选（产品名称）"对话框，进行相应的设置后单击"确定"按钮。

设置筛选条件

步骤 05 返回图表查看产品销量最多的结果，其中男士衬衫、女士t恤和女士休闲裤销量一样。

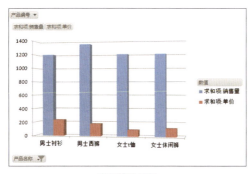

查看筛选结果

8.4.3　设置数据透视图格式

数据透视图的格式设置主要是对透视图的形状、颜色、字体样式等进行设置，使得透视图更加美观。用户可根据个人喜好进行设置，其操作步骤如下：

步骤 01 打开工作表，选中数据透视图，切换至"数据透视图工具-格式"选项卡，单击"形

状样式"选项组的"其他"下三角按钮。

单击"其他"下三角按钮

步骤 02 在打开的列表中选择合适的形状样式，在这里选择"细微效果-红色，强调颜色2"样式。

选择形状样式

步骤 03 这时即可看到调整后的数据透视图效果。

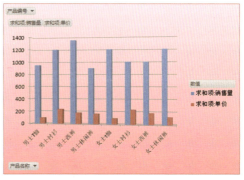

查看效果

步骤04 在"形状样式"选项组中，执行"形状效果＞阴影＞内部左上角"命令，调整数据透视图的效果。

设置形状效果

步骤05 在"艺术字样式"选项组中单击"快速样式"下拉按钮，在打开的下拉列表中选择一种文字样式。

选择字体样式

步骤06 单击"字体效果"下拉按钮，选择合适的字体映像效果。

选择字体效果

步骤07 返回透视图中，即可看到设置后的最终效果。

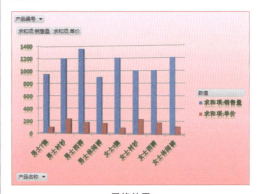

最终效果

综合案例 | 为常用工作报表创建数据透视表/图

数据透视表与透视图功能能够将筛选、排序和分类汇总等操作依次完成，生成汇总表格，并将其可视化，是Excel强大数据处理能力的具体体现。下面将通过具体应用来加深用户对本章知识的印象。

1 制作工资表数据透视表

下面通过为工资表创建数据透视表的操作，来加深对所学知识的理解。

步骤 01 打开原始文件，切换至"插入"选项卡，在"表格"选项组中，单击"数据透视表"按钮。

单击"数据透视表"按钮

步骤 02 在"创建数据透视表"对话框中，选择整个表格数据区域，然后单击"现有工作表"单选按钮，并单击空白单元格。

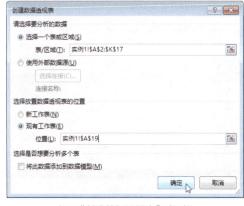

打开"创建数据透视表"对话框

步骤 03 设置完成后，单击"确定"按钮。在"数据透视表字段"任务窗格中，为数据透视表添加字段。

设置数据透视表字段

步骤 04 在"值"列表框中，单击"求和项：实发工资"选项，选择"值字段设置"选项。

设置值字段

步骤 05 在"值字段设置"对话框中，选择"平均值"计算类型。

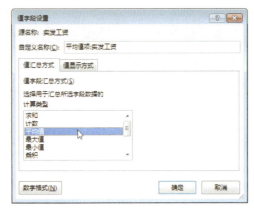

设置计算类型

步骤 06 单击"数字格式"按钮，弹出"设置单元格格式"对话框，选择"货币"类型，并在右侧相关选项中，对货币的类型、小数位数和负数进行设置。

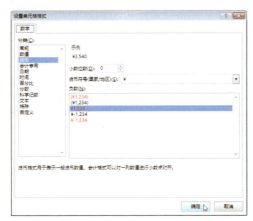

设置单元格格式

步骤 07 依次单击"确定"按钮，完成值字段格式的设置。

设置数值格式

步骤 08 选择D22单元格，切换至"数据"选项卡，单击"排序和筛选"选项组中的"排序"按钮。

单击"排序"按钮

步骤 09 弹出"按值排序"对话框，设置"排序选项"为"降序"，"排序方向"为"从上到下"。

设置排序

步骤 10 设置完成后，单击"确定"按钮，即可完成实发工资降序排列操作。

完成排序

步骤 11 在"数据透视表工具-设计"选项卡的"布局"选项组中，单击"报表布局"按钮，并在其列表中，选择"以表格形式显示"选项。

调整数据透视表显示方式

步骤 12 此时数据透视表将以表格形式显示。

以表格形式显示数据

步骤 13 在"设计"选项卡中，单击"数据透视表样式"下拉按钮，选择"新建数据透视表样式"选项。

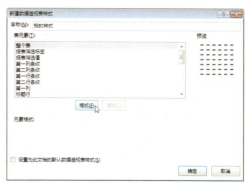

自定义样式

步骤 15 在打开的"设置单元格格式"对话框中，对数据透视表字体、边框以及填充颜色进行填充。

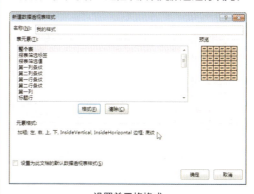

设置单元格格式

步骤 16 在"表元素"列表框中，选择"标题行"选项，并单击"格式"按钮，在打开的对话框中，对标题行格式进行设置。

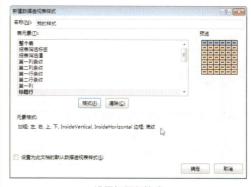

设置标题行格式

步骤 17 在"表元素"列表框中，选择"总计行"选项，并对其格式进行设置。

设置透视表样式

步骤 14 弹出"新建数据透视表样式"对话框，在"名称"文本框中输入"我的样式"，其后在"表元素"列表框中，选择"整个表"选项，单击"格式"按钮。

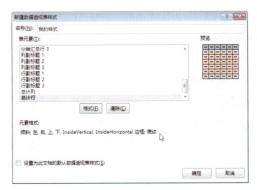

设置总计行格式

步骤 18 设置完成后,单击"确定"按钮,单击"数据透视表样式"选项组中的"其他"按钮,选择刚刚自定义的样式。

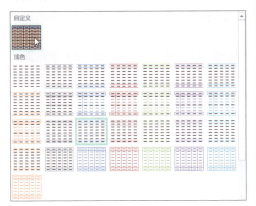

套用自定义样式

步骤 19 返回工作表中,查看套用自定义样式后的效果。

	A	求和项:三险一金	求和项:扣个税	平均值项:实发工资
19	姓名			
20	王伟	993.25	85.675	¥5,321
21	郑建杰	920.75	84.925	¥5,314
22	刘英梅	913.5	73.65	¥5,213
23	金世鹏	928	62.2	¥5,110
24	鲁霞	804.75	54.525	¥5,041
25	孙林	797.5	45.25	¥4,957
26	陈媛媛	768.5	41.445	¥4,840
27	韩丽	754	27.78	¥4,398
28	张颖	783	21.51	¥4,195
29	李芳	696	18.12	¥4,086
30	吴磊	638	16.86	¥4,045
31	钟叶婷	754	16.38	¥4,030
32	何晓萍	609	1.23	¥3,540
33	赵军	652.5	0	¥3,498
34	皮茶海	623.5	0	¥3,227
35	总计	11636.25	549.55	¥4,454

查看效果

2 创建汽车销量透视图

步骤 01 打开"汽车销量统计表"工作表,执行"插入 > 图表 > 数据透视图>数据透视图"命令。

选择"数据透视图"选项

步骤 02 打开"创建数据透视图"对话框,在"表/区域"中选择表格数据区域,选择"新工作表"单选按钮。

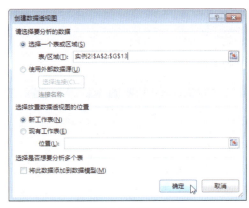

"创建数据透视图"对话框

步骤 03 单击"确定"按钮,在新的工作表中创建空白数据透视图。

空白数据透视图

步骤 04 在"数据透视表字段"任务窗格中将字段拖至合适的区域。

设置字段

步骤 05 这时数据透视图基本上完成了，在工作表中可以看到数据透视图的效果。

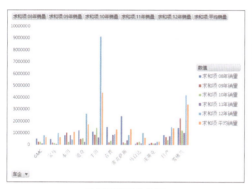

数据透视图的效果

步骤 06 切换至"数据透视图工具-设计"选项卡，单击"图表布局"选项组中"快速布局"下拉按钮，选择"布局3"选项。

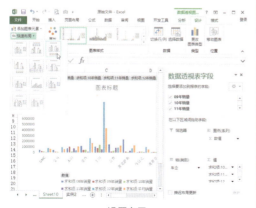

设置布局

步骤 07 为图表输入标题"汽车销量透视图"文本，设置图表样式。

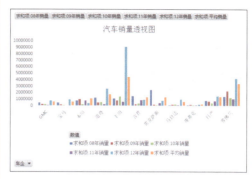

数据透视图效果

步骤 08 单击"图表样式"选项组中"其他"按钮，在样式列表中选择合适的样式。

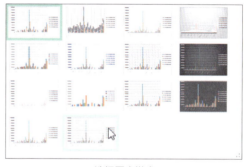

选择图表样式

步骤 09 切换至"数据透视图工具-格式"选项卡，单击"形状样式"选项组中的"其他"按钮，在列表中选择合适的样式。

选择样式

步骤 10 单击"形状效果"下拉按钮,选择"棱台>松散嵌入"选项。

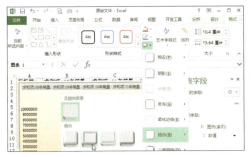

选择形状效果

步骤 11 单击"艺术字样式"选项组中的"其他"按钮,在列表中选择合适的艺术字样式。

选择艺术字样式

步骤 12 单击"文本效果"下拉按钮,选择"发光"选项,在发光库中选择合适的效果。

设置文本效果

步骤 13 设置完成后,查看数据透视图效果。

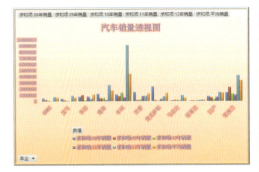

数据透视图效果

步骤 14 单击"车企"按钮,选择需要筛选出的汽车品牌,然后单击"确定"按钮。

设置筛选条件

步骤 15 执行"数据透视图工具-设计>类型>更改图表类型"命令,弹出"更改图表类型"对话框,选择合适的类型,单击"确定"按钮。

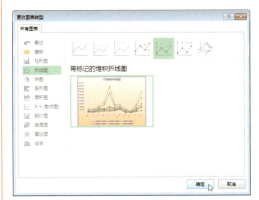

"更改图表类型"对话框

步骤 16 返回工作表,查看更改图表后的效果。

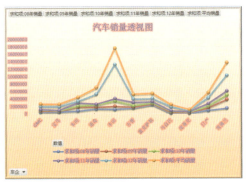

更改图表类型后效果

图表的巧妙应用

你也许无法记住一连串的数字，以及它们之间的关系和趋势，但是却可以很轻松地记住一幅图画或者一个曲线。为了让数据更加直观，更具说服力，通常我们应该遵循的原则是:能用数据展示的，绝不用文字说明;能用图形显示的，决不用数据说明。因为数据比文字更有说服力，而我们对图形的理解和记忆能力又远远胜过文字和数据。因此使用图表，会使得用Excel编制的工作表更易于理解和交流。Excel具有许多高级的制图功能，同时使用起来也非常简便。在本章中，用户将学习到图表的创建、编辑、格式设置等具体操作知识。

本章所涉及到的知识要点:

◆ 图表的类型   ◆ 创建与编辑图表

◆ 设置图表的格式   ◆ 迷你图表的应用

本章内容预览:

创建图表

美化图表

迷你图

9.1 认识图表

图表是Excel电子表格中非常重要的功能之一，是数据可视化展示的重要手段，对于一些十分抽象的数据来说，用图表的形式来表达会更为直观。

9.1.1 图表的类型

Excel图表按照应用的不同可分为12种，其中包含：柱形图、折线图、饼图、圆环图、条形图、面积图、散点图、气泡图、股价图、曲面图、雷达图以及组合图等，每种图表类型又可分为几种不同的子类型。此外，Excel还提供了多种自定义图表类型，用户可以根据自己的需求来选择适当的图表类型，下面将详细介绍几种常用图表形式。

1 柱形图

柱形图的主要用途为显示比较多个数据组，而它的子类型中还包括簇状柱形图、堆积柱形图和百分比堆积柱形图，下面将分别对其进行简单介绍。

（1）簇状柱形图

簇状柱形图是使用垂直矩形比较相交于类别轴上的数值大小，如果类别轴的顺序不重要（如直方图），适合使用该图表。

簇状柱形图

（2）堆积柱形图

堆积柱形图是使用垂直矩形来比较相交于类别轴上的每个数值占总数值的大小，该图表适用于强调一个类别相交于系列轴上的总数值。

堆积柱形图

（3）百分比堆积柱形图

百分比堆积柱形图是使用垂直矩形来比较相交于类别轴上的每个数值占总值的百分比，该图表适用于强调每个数据系列的比例值。

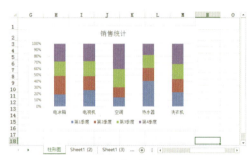

百分比堆积柱形图

（4）三维堆积柱形图

除了上述所介绍这些二维柱形图表外，该图表类型还包含相对应三维柱形图表，即三维堆积柱形图。

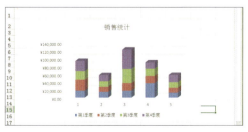

三维堆积柱形图

❷ 折线图

折线图是用线段连接一系列数据的相关点。这种类型的图表最适于表示大批分组的数据，它也分成6种子类型，其中包括折线图、堆积折线图、百分比折线图，以及带数据标记折线图、堆积折线图和百分比折线图，下面将对其进行简单介绍。

（1）折线图

折线图是显示随时间或有序类别变化的趋势线，如果有许多数据点，并且以时间顺序变化时，则可使用该图表。

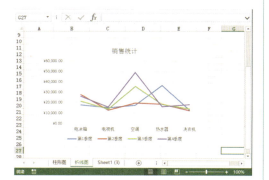

折线图

（2）堆积折线图

堆积折线图是显示每个数值所占大小，随时间或有序类别变化的趋势线。

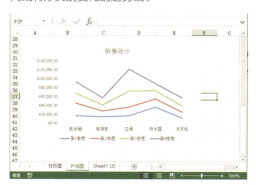

堆积折线图

（3）百分比堆积折线图

百分比堆积折线图是显示每个数值所占百分比，随时间或有序类别变化的趋势线。

百分比堆积图表

（4）带数据标记的折线图

带数据标记折线图所表示的含义与折线图的相同，而带数据标记折线图主要是在表示仅有几个数据点的情况下使用。

带数据标记折线图

（5）带数据标记的堆积折线图和百分比堆积折线图

这2种类型与其以上相对应的折线图类型所表示的含义相同。

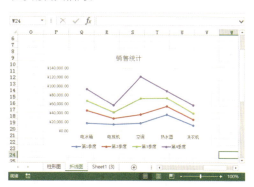

带标记堆积折线图

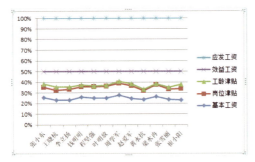

带数据标记百分比堆积折线图

（6）同样，折线图也有三维折线图，但该三维图并不常用，它没有二维图显示得直观。

三维折线图

3 饼图

饼图用于显示每个数值占总数值的比例，该图表包括饼图、三维饼图、复合饼图、复合条饼图以及圆环图，下面将对其进行简单介绍。

（1）饼图

各数值相加，或只有一个数据系列且所有值都为正值的情况下可以使用饼图。

饼图

（2）复合饼图

复合饼图是从主饼图中提取某一数值，并将其组合到另一个饼图中。

复合饼图

（3）复合条饼图

复合条饼图是将主饼图中部分数值提取出来，并将其组合到一个堆积条形图中。

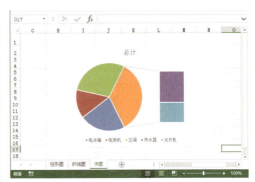

复合条饼图

（4）三维饼图

同样，饼图也分有二维饼图和三维饼图。

三维饼图

饼图和三维饼图可以通过手动拉出饼图的某个扇区，从而来强调该扇区。

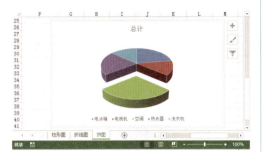

手动拉出强调扇区

4 圆环图

圆环图也包含在饼图中，和饼图一样，圆环图也可以用来显示数据部分与整体之间的关系。

圆环图

5 条形图

条形图多用于比较多个值之间差异，该图表适用于持续时间或类别文本很长的一系列数据，条形图也分为多个子类型。

（1）簇状条形图

用于比较多个值之间差异，使用水平的横条表示数值的大小。

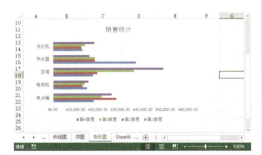

簇状条形图

（2）堆积条形图

其显示含义与簇状条形图含义相同。

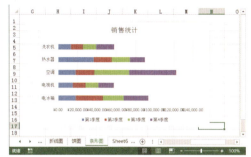

堆积条形图

（3）百分比堆积条形图

其显示含义与条形图含义相同，用于比较多个值之间差异，使水平的横条表示数值的大小。

百分比堆积条形图

（4）三维条形图

条形图也分成二维图表和三维图表，同时三维图表中也分成3种子类型，分别为三维簇状条形图、三维堆积条形图和三维百分比堆积条形图，下面为三维簇状条形图。

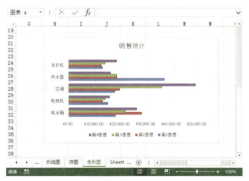

三维簇状条形图

⑥ 面积图

面积图是为了突出一段时间内几组数据间的差异。面积图分为堆积面积图、百分比堆积面积图以及三维面积图，下面将对其进行简单介绍。

（1）面积图

二维面积图是为了显示各种数据随时间或类别变化的趋势线。

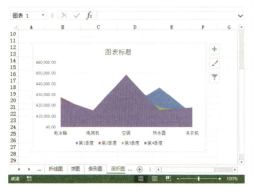

二维面积图

（2）堆积面积图

堆积面积图是显示每个数值所占大小随时间或类别变化的趋势线，该图表可强调某个类别相交于系列轴上的数值趋势线。

堆积面积图

（3）百分比堆积面积图

百分比堆积面积图是显示每个数值所占百分比随时间或有序类别变化的趋势线，该图表可强调每个系列的比例趋势线。

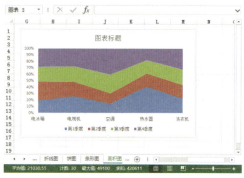

百分比堆积面积图

（4）三维面积图

三维面积图、堆积三维面积图和百分比堆积面积图所显示的含义与其对应二维图表的相同，下图为三维面积图。

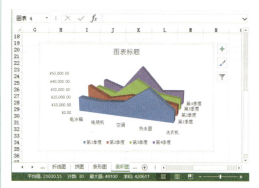

三维面积图

⑦ 散点图

散点图有X（水平）数轴和Y（垂直）数轴两个数值轴，也称作XY图。散点图将X值和Y值合并到单一数据点并按不均匀的间隔或簇来显示，常用于显示和比较数值。

散点图

8 气泡图

气泡图和散点图类似，气泡图包含在散点图表中。散点图用于显示两组数据之间的关系，而气泡图用于展示3组数据之间的关系。

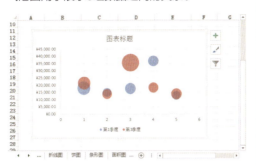

气泡图

9 雷达图

雷达图用于比较几个数据系列的聚合值，分为带标记和不带标记两种。

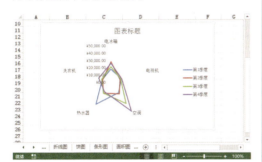

雷达图

10 股价图

顾名思义，股价图是用于显示股价上下波动的图表。

股价图

11 曲面图

用于查找两组数据之间的最佳组合。

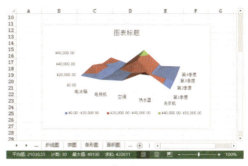

曲面图

12 组合图

组合图将两种或更多图表类型组合在一起，使数据更容易理解。

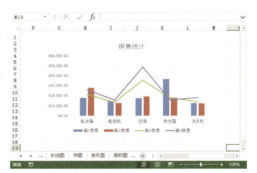

组合图

9.1.2 图表的组成

Excel图表由图表区和绘图区两个基本成分组成。图表区由图表标题、横坐标标题和竖坐标标题组成，而绘图区由矩形或数据线、横坐标和竖坐标以及网格线组成。

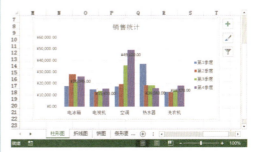

图表说明

9.2 图表的创建与编辑

在Excel中，使用图表可以将单元格中的数据以各种统计图表的形式显示，使数据图形化，使数据对比和变化趋势一目了然，提高信息整理价值，帮助用户更准确直观地表达信息和观点。当工作表中的数据发生变化时，图表中对应项的数据也会随之变动。

9.2.1 创建图表

创建合适的图表，可方便用户查看数据之间的差异，从而能更好的预测未来发展的趋势。Excel 2013新增了图表推荐的功能，可以根据选择的数据推荐合适的图表类型，下面介绍快速创建图表的操作方法。

步骤 01 打开工作簿，选中需要创建图表的单元格区域，切换至"插入"选项卡，单击"图表"选项组中的"推荐的图表"按钮。

单击"推荐的图表"按钮

步骤 02 在打开的"插入图片"对话框的"推荐的图表"选项卡下，显示了合适的图表类型，选择需要的图表类型，单击"确定"按钮。

"插入图表"对话框

步骤 03 返回工作表中，选中图表并进行拖动，将图表移至合适的位置。

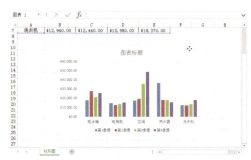

移动图表

9.2.2 修改图表类型

创建新图表后，若觉得所选图表不能清晰表达数据关系，可以对该图表进行修改，下面介绍其具体更改方法。

方法一： 右键菜单命令

通过使用鼠标右键命令来实现对图表类型的修改是比较常见的方法。

步骤 01 打开创建好图表的工作表，选中图表并单击鼠标右键，在快捷菜单中选择"更改图表类型"命令。

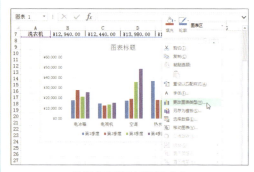

选择"更改图表类型"命令

步骤02 在"更改图表类型"对话框中，选择"条形图"选项，然后在右侧的图表类型列表框中选择"簇状条形图"图表，单击"确定"按钮。

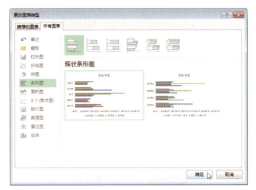

"更改图表类型"对话框

步骤03 返回工作中，可以看到更改图表类型后的效果。

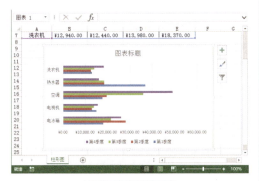

完成图表类型的更改

方法二： 功能区命令

通过单击功能区按钮来实现更改图表类型是最基本的方法，其具体步骤如下：

选中需要更改图表类型的图表后，切换至"图表工具-设计"选项卡，在"类型"选项组中单击"更改图表类型"按钮，打开"更改图表类型"对话框，选择合适的图表类型即可。

单击"更改图表类型"按钮

9.2.3　编辑图表的数据源

图表制作完成后，如果数据源出现变动，那么就需要对数据源进行编辑修改。

1 向图表中添加数据

创建图表后，用户可以将其他数据系列添加到图表中，具体操作步骤如下：

步骤01 在图表源数据表格下面添加"微波炉"的销售数据。

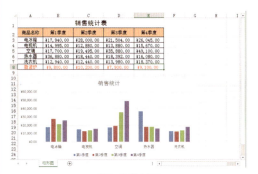

添加新数据源

步骤02 选择图表后，切换至"图表工具-设计"选项卡，单击"数据"选项组中的"选择数据"按钮。

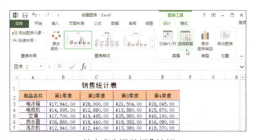

单击"选择数据"按钮

步骤03 在打开的"选择数据源"对话框中，单击"图表数据区域"后面的折叠按钮。

"选择数据源"对话框

步骤 04 在工作表中选择要用于图表的所有数据后，在文本框中显示添加数据的位置，再次单击折叠按钮。

选择添加的数据

步骤 05 返回到"选择数据源"对话框后，单击"确定"按钮，返回工作表中可以看到图表中添加了新的数据系列。

查看添加数据后效果

② 更改图表中的数据系列

创建图表后，若需要隐藏图表中的部分数据系列，可以通过以下的方法进行更改数据系列，具体操作步骤如下：

步骤 01 单击图表右上方的"图表筛选器"按钮，在打开的"数值"选项卡下取消勾选需要隐藏的系列前面的复选框，然后单击"应用"按钮。

取消勾选"微波炉"复选框

步骤 02 即可看到图表中对应的"微波炉"系列数值已经隐藏了。

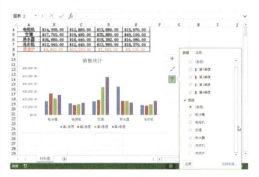

查看数据系列隐藏后效果

步骤 03 若想取消隐藏，则再次勾选"微波炉"复选框，单击"应用"按钮即可。

快捷菜单隐藏数据系列

9.3 图表的格式设置

图表创建完毕后，为了更好地展示数据，用户可以对创建的图表进行相应的设置，以达到更好的视觉效果。

9.3.1 调整图表大小

创建图表后，需要对其大小进行适当的调整，使创建的图表更加符合数据展示的需要，下面介绍具体操作方法。

步骤 01 选中图表，将鼠标移至图表右下角，待光标变成双向箭头时，按住鼠标左键，拖动鼠标至合适的大小。

精确调整图表大小

9.3.2 设置图表标题

想在图表中添加相关标题，可通过以下方法进行操作：

步骤 01 选中图表后，切换至"图表工具-设计"选项卡，单击"图表布局"选项组中的"添加图表元素"下三角按钮，在下拉列表中选择"图表标题>图表上方"选项。

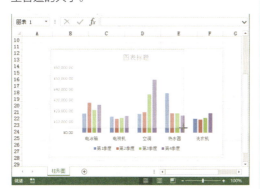

拖动调整图表大小

步骤 02 释放鼠标左键，完成图表大小的修改。

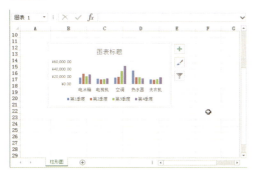

修改后效果

选择标题位置

步骤 02 在图表上方添加标题栏，输入标题文本。

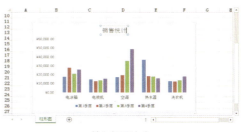

输入标题文本

操作提示

精确调整图表大小

选中图表后，切换至"图表工具-格式"选项卡，在"大小"选项组中设置"形状高度"/"形状宽度"值来精确调整图表大小。

步骤 03 选中图表标题后，切换至"图表工具-格式"选项卡，单击"形状样式"选项组的"其他"下三角按钮。

单击"其他"按钮

步骤 04 在下拉列表中选择合适的图表标题样式。

选择图表标题样式

步骤 05 返回工作表中查看图表标题的设置效果。

查看图表标题设置效果

9.3.3 添加图表数据标签

为图表添加数据标签，可以使图表数据表现更加直观，添加数据标签方法如下：

步骤 01 选中已经创建好的图表，单击图表右上角的"图表元素"按钮，在"数据标签"子菜单中选择"数据标签内"选项。

添加数据标签

步骤 02 若需要取消数据标签，则切换至"图表工具-设计"选项卡，单击"图表布局"选项组中的"添加图表元素"下三角按钮，在下拉列表中选择"数据标签>无"选项即可。

取消数据标签

9.3.4 编辑图例

Excel图表中的图例也是可以编辑的，用户可以根据自己的喜好来调整图例的位置，下面来介绍其操作方法：

步骤01 选中图表后，单击图表右上角的"图表元素"按钮，在"图例"子菜单中选择图例的位置。

选择在右侧显示图例

步骤02 选择图例位置后，可查看编辑后的效果。

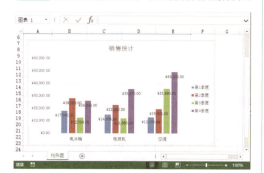

查看更改图例位置后效果

步骤03 若需要删除图例，则切换至"图表工具-设计"选项卡，单击"添加图表元素"下三角按钮，在下拉列表中选择"图例>无"选项即可。

删除图例

9.3.5 为图表添加趋势线

在Excel中提供了"线性"、"对数"、"多项式"、"乘幂"、"指数"和"移动平均"等多种类型的趋势线，下面以为图表添加趋势线为例进行介绍。

步骤01 选中图表后，单击图表右上角的"图表元素"按钮，在"趋势线"子菜单中选择"线性"选项。

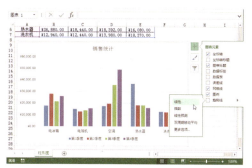

选择要添加的趋势线

步骤02 在打开的"添加趋势线"对话框中，选择相关系列，单击"确定"按钮。

选择系列

步骤03 返回工作表中，即可看到添加线性趋势线的效果。

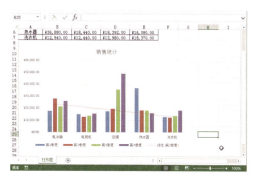

添加趋势线

9.3.6 美化图表

在Excel中，不仅图表的种类很多，方便用户按需所取，而且可以通过设置图表的背景、边框颜色及样式等，从而对图表进行美化，下面进行相关介绍。

1 设置图表区背景

新创建的图表是采用默认的样式，通常是无背景效果的，用户可以根据需要添加合适的图表背景效果。

步骤 01 选中图表后，单击鼠标右键，在弹出快捷菜单中选择"设置图表区域格式"命令。

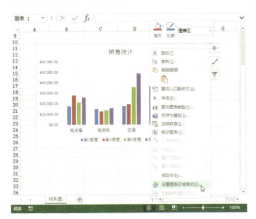

右键菜单

步骤 02 打开"设置图表区格式"导航窗格，在"填充"选项区域中选择"图片或纹理填充"单选按钮，然后单击"文件"按钮。

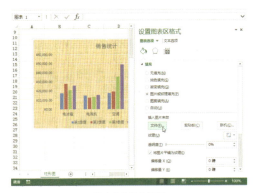

单击"文件"按钮

步骤 03 在打开的"插入图片"对话框中，选择需要的背景图片，单击"插入"按钮。

选择背景图片

步骤 04 返回工作表中，单击"设置图表区格式"导航窗格右上角的"关闭"按钮。

单击"关闭"按钮

步骤 05 这时可以看到设置图表区域背景为所选图片后的效果。

完成效果

② 设置图表边框

用户可以为创建的图表边框设置需要的边框颜色和边框线样式，具体如下：

方法一： 在功能区中设置图片边框

步骤01 切换至"图表工具-格式"选项卡，单击"形状轮廓"下三角按钮，选择合适的边框颜色。

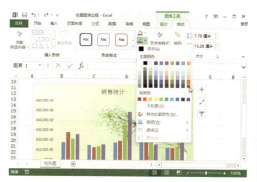

选择边框颜色

步骤02 然后单击"形状轮廓"下三角按钮，选择"粗细"选项，并在子列表中选择合适的线条样式。

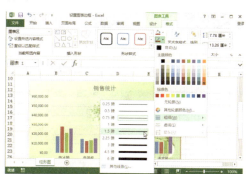

设置边框样式

步骤03 这时可以查看设置效果。

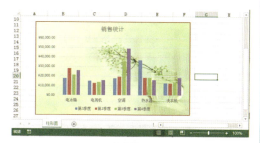

完成效果

方法二： 在导航窗格中设置图片边框

除了可以在功能区中对表格边框进行设置，用户还可以在"设置图表区格式"导航窗格中，对图表边框进行详细的设置。

步骤01 选中图表后，单击鼠标右键，在弹出快捷菜单中选择"设置图表区域格式"命令。

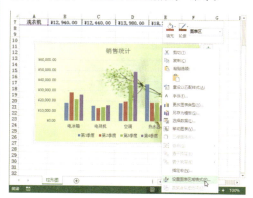

选择"设置图表区域格式"命令

步骤02 打开"设置图表区格式"导航窗格，对图表边框进行设置。

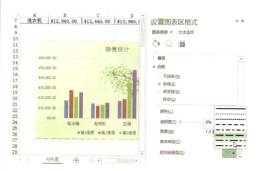

设置边框样式

步骤03 单击导航窗格右上角的"关闭"按钮，查看设置后的图表边框效果。

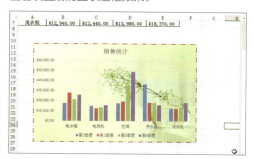

查看设置效果

3 设置图表阴影

用户也可以根据需要为图表应用适当的阴影效果，操作方法如下：

步骤01 选中图表后，切换至"图表工具-格式"选项卡，单击"形状样式"选项组的"形状效果"下三角按钮，在"阴影"选项的子列表中选择需要的阴影效果。

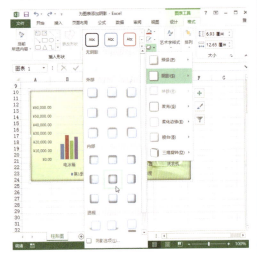

选择阴影效果

步骤02 这时即可看到图表应用了该阴影样式。

查看阴影效果

4 应用快速样式

用户可以应用Excel内置的图表样式，快速为图表设置相应的效果，操作如下：

步骤01 选中图表，单击图表右上角的"图表样式"按钮，在下拉列表中选择合适的图表样式。

选择图表样式

步骤02 用户还可以切换至"颜色"选项卡，设置颜色的显示效果。

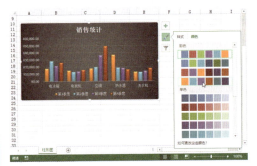

选择图表颜色

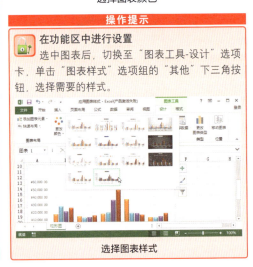

选择图表样式

9.4 迷你图表的应用

迷你图是以单元格为背景形式展示的一组数据变化趋势的图表，用于展示数据的升高或降低、周期变化或突出最大值和最小值等，本小节将对迷你图进行详细介绍。

9.4.1 什么是迷你图表

与Excel工作表上的图表不同，迷你图不是对象，它实际上是单元格背景的一个微型图表。下图的G2和G3单元格中分别显示了一个折线迷你图和一个柱形迷你图。

迷你图

这两个迷你图均从单元格A2到F2中获取的数据，并在一个单元格内显示一个迷你图，以展示股票的时常表现。这些图表按季度显示值突出显示高值（2014/9/30）和低值（2014/10/31），显示所有数据点并显示该年度的升降趋势。

G8单元格中的迷你图使用了从单元格A8到F8的值，揭示了同一只股票6年内的市场表现，但是显示的是一个盈亏条形图，图中只是显示当年是盈利还是亏损。

9.4.2 创建迷你图表

迷你图作为一个将数据形象化呈现的制图小工具，使用方法非常简单，下面来介绍创建迷你图表的操作方法：

步骤01 打开"创建迷你图"工作表后，选择C13单元格，切换至"插入"选项卡，单击"迷你图"选项组中的"折线图"按钮。

单击"折线图"按钮

步骤02 在打开的"创建迷你图"对话框中，单击"数据范围"右侧的折叠按钮，选择创建迷你图的单元格区域。

"创建迷你图"对话框

步骤03 单击"确定"按钮，返回工作表中，可以看到C13单元格中显示的创建的折线迷你图。

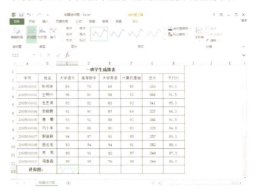

折线迷你图效果

9.4.3 填充迷你图

在工作表中创建单个迷你图后，可以使用填充法在包含迷你图的相邻单元格中为数据创建迷你图。

步骤 01 选中含有迷你图的单元格，将鼠标指针放在单元格的右下角，待光标变成十字形状时按住鼠标左键不放，向右拖动。

选中含有迷你图的单元格

步骤 02 拖动鼠标至适当的位置，释放鼠标左键即可。

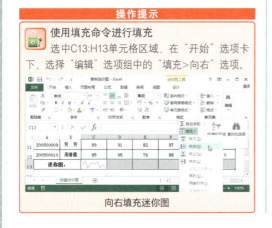

填充迷你图

操作提示

使用填充命令进行填充

选中C13:H13单元格区域，在"开始"选项卡下，选择"编辑"选项组中的"填充>向右"选项。

向右填充迷你图

9.4.4 设置迷你图表样式

当我们选择了含有迷你图的单元格后，在功能区中会出现"迷你图工具-设计"选项卡。

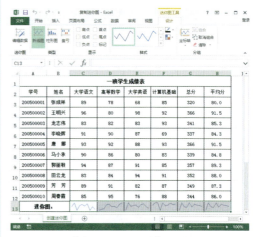

"迷你图工具-设计"选项卡

在该选项卡下，有以下几个设置功能：

"编辑数据"：该下拉列表中的功能用于修改迷你图图组的源数据区域或单个迷你图的源数据区域，或更改隐藏值和空值显示在所选迷你图组中的方式。

"类型"：该选项组用于更改迷你图的类型为折线图、柱形图、盈亏图。

"显示"：该选项组用于在迷你图中突出显示特殊数据点，如高点、低点、首点、负点或标记。

"样式"：单击该选项组的"其他"下三角按钮，在下拉列表库中可以为迷你图应用Excel预设的各种样式。

"迷你图颜色"：单击该下三角按钮设置所选迷你图的颜色和线条粗细。

"标记颜色"：单击该下三角按钮设置所选迷你图标记点的颜色。

"坐标轴"：单击该下三角按钮，对迷你图坐标范围控制。

"组合"/"取消组合"：用于对多个迷你图进行组合或取消组合。

"清除"：该下三角按钮用于对工作表中不需要的迷你图进行清除。

综合案例 | 根据区域电器销售报表制作图表

本章学习了关于图表类型、操作设置以及迷你图的操作知识，在这里就利用所学的知识，为一份区域电器销售报价表制作图表，下面介绍具体操作方法。

步骤 01 打开"区域电器销售统计"工作表，选择相应的单元格区域，在"插入"选项卡下，单击"图表"选项组的对话框启动器按钮。

单击对话框启动器按钮

步骤 02 在打开的"插入图表"对话框中，选择需要的图表类型。

选择图表类型

步骤 03 单击"确定"按钮，即可将图表插入到工作表中，将图表移至合适的位置。

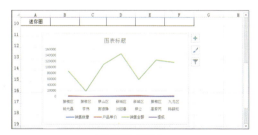

显示插入的图表

步骤 04 选择图表，用鼠标拖动控制柄将图表调整至合适大小。

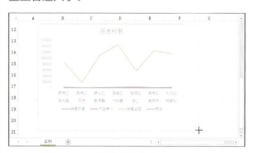

调整图表大小

步骤 05 单击图表标题文本框，输入合适的图表标题。

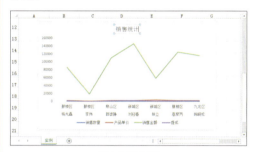

输入图表标题

步骤 06 选中图表标题，在"图表工具-格式"选项卡下，单击"形状样式"选项组的"其他"下三角按钮，选择合适的形状样式。

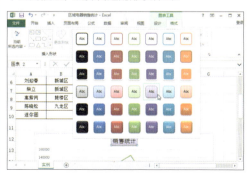

选择标题样式

保存图表模板

　　选择所需图表，右键单击，在弹出的快捷菜单中选择"另存为模板"命令，在打开的对话框中，输入好模板名称，单击"保存"按钮即可保存为模板。而用户只需在"插入图表"对话框中，单击"模板"选项卡，即可应用保存的图表模板。

步骤 07 选中图表后，右键单击，在弹出的快捷菜单中选择"设置图表区域格式"命令。

"设置图表区域格式"命令

步骤 08 在打开的"设置图表区格式"导航窗格中，切换至"填充"选项卡，在"边框"选项区域中设置边框的线条样式、颜色、宽度和类型等，设置完毕后单击导航窗格右上角的"关闭"按钮。

设置边框效果

步骤 09 在工作表中查看图表边框的设置效果。

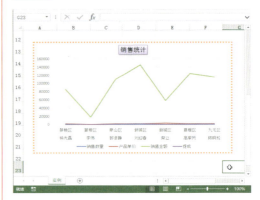

查看效果

步骤 10 然后选中C10:F10单元格区域，在"插入"选项卡下，单击"迷你图"选项组中的"折线图"按钮，打开"创建迷你图"对话框，在工作表中选择其数据范围。

"创建迷你图"对话框

步骤 11 单击"确定"按钮，即可创建多个迷你图，完成本实例的创建。

查看完成效果

工作表的美化

工作表创建完成后，需要对其整体进行一些调整，从而突出工作表中数据的逻辑合理、外观漂亮。为此，Excel为用户提供了一系列的美化功能，如为单元格设置边框和底纹、应用条件格式或单元格样式等。同时，还可以根据不同的需要，为工作表中的数据设置不同的背景、配以相关的图片或应用SmartArt图形进行数据展示说明。

本章所涉及到的知识要点：

◆ 使用剪贴画与图片　　◆ 使用艺术字

◆ 使用SmartArt图形　　◆ 使用文本框

◆ 使用形状　　◆ 数据超链接

◆ 导入外部数据

本章内容预览：

插入图片

创建SmartArt图形

设置形状格式

10.1 插入图片

工作表中可插入两种来源的图片，一种是插入联机图片，另一种是来自本地磁盘中的图片，用户可根据需要选择图片来源。

10.1.1 插入联机图片

"插入联机图片"功能是Excel 2013的新增功能，在连接互联网的情况下用户可以插入的联机图片包括来自Office.com剪贴画、网络中搜索到的图片等，下面介绍插入联机图片的操作方法：

步骤 01 打开工作表后，选择需要插入联机图片的单元格，切换至"插入"选项卡，单击"插图"选项组中的"联机图片"按钮。

单击"联机图片"按钮

步骤 02 打开"插入图片"选项面板，在"必应图像搜索"文本框中输入搜索关键字，如"红玫瑰"，然后单击文本框后面的"搜索"按钮。

"插入图片"选项面板

步骤 03 这时可以看到搜索到的"红玫瑰"的相关结果，选择合适的图片，单击"插入"按钮。

选择并插入图片

步骤 04 返回工作表中，适当调整图片的大小和位置。

插入的联机图片效果

10.1.2 使用来自文件的图片

Excel中提供了插入图片文件的功能，使用该功能可以在工作表中插入数量多、质量好的图片文件。Excel支持几乎所有的常用图片格式，如BMP、JPG、GIF、PNG以及Windows位图等，下面将介绍其操作方法：

步骤 01 打开工作表，切换至"插入"选项卡，单击"插图"选项组中的"图片"按钮。

单击"图片"按钮

步骤 02 打开"插入图片"对话框，选择合适的图片，单击"插入"按钮。

"插入图片"对话框

步骤 03 返回到工作表，适当调整图片的大小和位置。

查看插入的图片效果

10.1.3 设置图片格式

在工作表中插入图片后，用户可以对插入的图片进行相应的格式设置，从而美化工作表。

1 裁剪图片

使用Excel的"裁剪"功能，可以裁剪除动态GIF图片以外的任意图片，下面介绍裁剪图片的操作方法。

（1）应用功能区命令进行裁剪

步骤 01 打开含有需要裁剪图片的工作表，选中图片，切换至"图片工具-格式"选项卡，单击"裁剪"按钮。

单击"裁剪"按钮

步骤 02 这时在图片的周围会出现裁剪控点，向内拖动控制点即可。

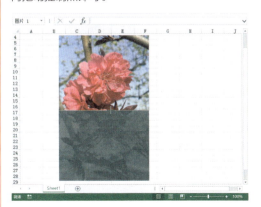

拖动控制点

步骤 03 然后单击工作表中的任意单元格，即可完成图片的裁剪操作。

裁剪后的图片效果

（2）应用快捷菜单进行裁剪

用户也可以单击鼠标右键，在弹出的浮动工具栏中单击"裁剪"按钮，然后对图片进行裁剪。

选择"裁剪"选项

（3）将图片裁剪为形状

用户也可以将图片裁剪为图形形状，具体操作方法如下：

步骤 01 选中图片，单击"图片工具-格式"选项卡下"大小"选项组中"裁剪"下拉按钮，在"裁剪为形状"中选择要裁剪成的形状。

选择裁剪形状

步骤 02 这时，图片被裁剪为所选的形状。

裁剪为云彩形状

（4）按纵横比进行裁剪

用户还可以按照图片的纵横比进行裁剪图片，具体操作如下：

步骤 01 选中图片，单击"图片工具-格式"选项卡下"大小"选项组中"裁剪"下拉按钮，在"纵横比"子菜单中选择要裁剪的比例。

按纵横比裁剪

步骤 02 若裁剪的区域不是我们最终想要的结果，可以选中图片进行拖动调整裁剪区域。

调整裁剪区域

步骤 03 单击工作表中任意一个单元格，可以看到图片就按照选定的比例和区域进行裁剪。

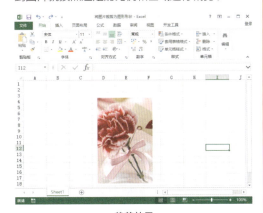

裁剪效果

2 调整图片大小

日常工作中，在编辑和制作电子表格时会插入图片，但是当完成编辑与排版后，也许会发现某个图片的大小并不太合适或与内容不协调。这时，可以调整图片的大小，调整图片的大小有以下两种方法。

方法一： 鼠标拖动调整图片大小

使用鼠标拖动调整图片大小，具体操作步骤如下：

步骤 01 选中需要插入图片的单元格，切换至"插入"选项卡，单击"插图"选项组中的"图片"按钮。

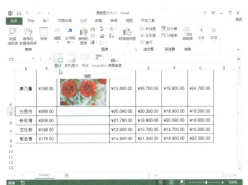

单击"图片"按钮

步骤 02 在打开的"插入图片"对话框中选择需要的图片，单击"插入"按钮。

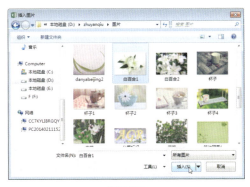

选择图片

步骤 03 可以看到插入的图片非常大，遮盖了工作表中的数据内容，查看起来非常不方便。

插入图片

步骤 04 选中图片后，其周围将出现8个控制点。将指针移至图片的控制点上，按住左键拖动，此时光标会变成十字形状，并且图片会变虚，当达到所要调整的大小后释放鼠标左键即可。

拖动鼠标

步骤 05 这时可以看到缩小后的图片效果。当然，用户也可以根据需要将图片放大，方法相同，在步骤4中向外拖动鼠标即可。

缩放图片

操作提示

缩放技巧

按住Ctrl键的同时，拖动图片的控制点，将以图片的中心向外垂直、水平或沿对角线缩放；按住Shift键或Alt键拖动四角的控点，图片将按原纵横比例缩放。

方法二： 精确调整图片大小

我们可以直接设置图片的"高度"和宽度值，精确地设置图片的高度和宽度，具体操作方法如下：

步骤 01 选中图片，切换到"图片工具–格式"选项卡。

"图片工具–格式"选项卡

步骤 02 在"大小"选项组的"高度"和"宽度"数值框中精确设置图片的大小。

精确设置图片大小

步骤 03 还可以单击"大小"选项组的对话框启动器按钮，打开"设置图片格式"导航窗格，在

"大小属性"选项卡下设置具体的大小参数。如果要使图片保持原长宽比例，可以勾选"锁定纵横比"复选框。调整大小时，只需要在"高度"或"宽度"框中调节一个数值，另一项目的值会随之相应改变。此外，勾选"相对于图片原始尺寸"复选框，可以显示当前图片相较于原始图片的缩放比例。

"设置图片格式"导航窗格

3 设置图片效果

在工作表中插入图片后，可以通过为其添加边框、效果美化图片，使图片更具有表现力。

（1）添加边框

为图片添加边框的方法如下：

步骤01 选择要添加边框的图片，在"图片工具-格式"选项卡的"图片样式"选项组中单击"图片边框"下拉按钮，在下拉列表中选择"粗细"选项，在子菜单中选择图片边框线条粗细样式，也可以选择"其他线条"选项。

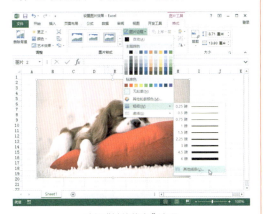

选择"其他线条"选项

步骤02 打开"设置图片格式"导航窗格，在"填充线条"选项卡下设置边框的相关样式。

"设置图片格式"导航窗格

步骤03 单击"关闭"按钮，查看设置图片边框线条粗细、颜色和样式后的效果。

添加边框效果

（2）添加效果

在Excel中，可以对插入工作表中的图片应用艺术效果、图片样式或图片效果，制作出样式丰富的图片。

用户可以将艺术效果应用于图片或图片填充，以使其看起来更像素描、绘图或油画。但一次只能将一种艺术效果应用于图片。因此，应用不同的艺术效果会删除以前应用的艺术效果。

步骤01 选中图片，在"图片工具-格式"选项卡下，单击"调整"选项组中"艺术效果"下拉按钮，在下拉列表中选择相应的选项，或选择"艺术效果选项"选项。

选择"艺术效果选项"选项

步骤 02 在打开的"设置图片格式"导航窗格中的"艺术效果"选项卡中，选择要应用的艺术效果，并设置该艺术效果的相关参数后，单击"关闭"按钮。

设置艺术效果

（3）应用预设样式

在Excel中预置了多种图片样式，用户可以对图片快速应用这些样式，具体操作方法如下：

步骤 01 选中图片后，切换至"图片工具-格式"选项卡，在"图片样式"选项组中单击"其他"下三角按钮，在下拉列表中选择需要的预设样式。

选择图片样式

步骤 02 应用样式后，单击"图片样式"选项组中"图片边框"下拉按钮，选择边框的颜色。

设置边框颜色

步骤 03 这时可以看到设置后的图片效果。

查看设置效果

（4）应用图片效果

用户可以为插入工作表中的图片应用图片效果，如投影、映像、发光等。

步骤 01 选中图片后，切换至"图片工具-格式"选项卡，单击"图片样式"选项组中的"图片效果"下拉按钮,在下拉列表中选择"映像"选项,并在子菜单中选择合适的选项。

设置柔化边缘效果

步骤 02 再次单击"图片样式"选项组中的"图片效果"按钮,在下拉列表中选择"发光"选项,并在子菜单中选择合适的选项。

设置发光效果

步骤 03 设置完成后,查看映像和发光效果。

查看设置效果

④ 调整图片颜色

在工作表中,可以对图片颜色进行调整,包括颜色饱和度、色调和着色的设置。

步骤 01 选中图片,切换至"图片工具–格式"选项卡,单击"调整"选项组中的"颜色"下拉按钮,在下拉列表中的"颜色饱和度"选项区域中选择"饱和度:200%"选项。

设置色彩饱和度

步骤 02 单击"调整"选项组中的"颜色"下拉按钮,在下拉列表中的"色调"选项区域中选择"色温:5300K"选项。

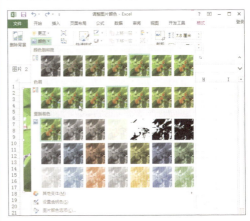

设置色调

步骤 03 单击"调整"选项组中的"颜色"下拉按钮,在下拉列表中的"重新着色"选项区域中选择颜色。

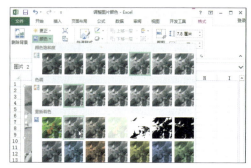

重新着色

步骤 04 若在"颜色"下拉列表中选择"图片颜色选项"选项，将打开"设置图片格式"导航窗格，在"图片"选项卡中设置图片颜色的各参数，单击"关闭"按钮。

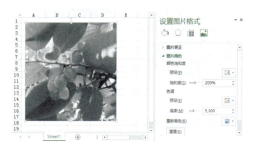

"设置图片格式"导航窗格

5 调节亮度和对比度

在工作表中还可以调整图片的亮度和对比度，具体操作方法如下：

步骤 01 选中图片后，切换至"图片工具-格式"选项卡，单击"调整"选项组中的"更正"按钮，在下拉列表的"亮度和对比度"选项区域中选择需要的样式。

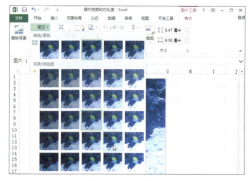

设置亮度和对比度

步骤 02 用户也可以在"更正"下拉列表中选择"图片更正选项"选项，打开"设置图片格式"导航窗格，在"图片"选项卡下设置图片的各参数，然后单击"关闭"按钮。

"设置图片格式"导航窗格

6 选择窗格的应用

在工作表中插入多张图片，且图片重叠覆盖时，若要对某一张图片进行操作，就显得棘手了。不过Excel提供了"选择窗格"功能，可以方便选择对象。

（1）隐藏对象

隐藏某张图片的操作方法如下：

步骤 01 选中图片后，切换至"图片工具-格式"选项卡，在"排列"选项组中单击"选择窗格"按钮。

单击"选择窗格"按钮

步骤 02 在工作表右侧将出现"选择"导航窗格，单击图片名称后的眼睛图标，该图片就会隐藏。

隐藏图片对象

步骤 03 若单击窗口底部的"全部隐藏"按钮，则所有对象都将不可见；单击"全部显示"按钮，则显示全部对象。

显示或隐藏全部对象

（2）改变对象层叠顺序

通过重排顺序可以更改图片的排列顺序，具体操作如下：

步骤 01 选中要调整的图片，单击"选择"导航窗格中的"下移一层"按钮。

单击"下移一层"按钮

步骤 02 这时"图片3"下移了一层，若想上移，则单击"上移一层"按钮即可。

更改排列顺序

10.2　使用艺术字

艺术字是一组自定义样式的文字，它能美化工作表，增强视觉效果。在Excel中预设了多种样式的艺术字。此外，用户还可根据自己的需要来自定义艺术字样式。

10.2.1　插入艺术字

艺术字时浮于工作表之上的一种形状对象，在工作表中插入艺术字可以使表格内容更加美观，下面将介绍艺术字的插入操作。

步骤 01 打开工作表，在"插入"选项卡下，单击"文本"选项组的"艺术字"下三角按钮，选择艺术字样式。

选择艺术字样式

步骤 02 此时将进入到艺术字格式编辑状态。

文字编辑状态

步骤 03 在编辑框中输入需要的文字，即可完成艺术字的插入。

完成艺术字的插入

10.2.2　设置艺术字格式

艺术字是当作一种图形对象而不是文本对象来处理的。用户可以通过"绘图工具-格式"选项卡来设置艺术字的填充颜色、阴影和三维效果等，其操作方法如下：

步骤 01 选择艺术字后，切换至"绘图工具-格式"选项卡，单击"形状样式"选项组的"其他"下三角按钮。

选择艺术字

步骤 02 在打开的"形状样式"列表中，选择合适的样式。

选择形状样式

步骤 03 单击"形状轮廓"下拉按钮，选择"粗细"选项，在子菜单中选择合适的轮廓线条样式。

选择轮廓样式

步骤 04 再次单击"形状轮廓"下拉按钮，在下拉列表中选择一种轮廓颜色。

选择轮廓颜色

操作提示

艺术字轮廓线的修改技巧
选择艺术字并右击，然后选择"设置文字效果格式"选项。打开相应的窗格，选择"文本选项>文本填充轮廓>文本边框"选项，通过下面的命令即可设置其轮廓线。

步骤 05 单击"艺术字样式"选项组的"文字效果"下三角按钮，选择"转换"选项，在子列表中选择文字效果。

选择艺术字转换效果

步骤 06 单击"艺术字样式"选项组的"文本轮廓"下三角按钮，在下拉列表中选择一种文本轮廓颜色。

选择文本轮廓颜色

步骤 07 设置完成后，返回工作表中即可看到设置后的艺术字效果。

完成效果

10.3 使用SmartArt图形

SmartArt图形是信息和观点的视觉表达形式，用户可根据需要选择合适的SmartArt图形布局进行SmartArt图形创建。

10.3.1 创建SmartArt图形

创建SmartArt图形可方便用户在工作表中制作出演示流程、层次结构、循环或关系等精美的图形。介绍制作SmartArt图形的操作步骤：

步骤 01 打开工作表，切换至"插入"选项卡，单击"插图"选项组中的SmartArt按钮。

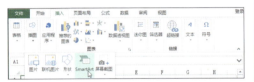

单击SmartArt按钮

步骤 02 打开"选择SmartArt图形"对话框，选择合适的图形类型，这里选择"堆积维恩图"选项，单击"确定"按钮。

选择SmartArt图形类型

步骤 03 返回到工作表，即可看到新建的Smart-Art图形效果。

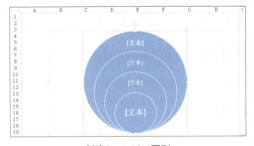

创建SmartArt图形

步骤 04 单击图形左侧的展开按钮，即可出现"在此输入文字"文本窗格。

展开文本窗格

步骤 05 在文本窗格中输入相应的文本，或单击图形中"文本"占位符，依次输入文本，完成SmartArt图形的创建。

完成SmartArt图形的创建

10.3.2 编辑SmartArt图形

在Excel中，用户除了可针对SmartArt图形的布局及样式进行设置外，还可以对创建的SmartArt图形进行相应的编辑，其操作步骤如下：

步骤 01 打开含有SmartArt图形的工作表，选中SmartArt图形后，切换至"SMARTART工具-设计"选项卡，单击"布局"选项组中的"更改布局"按钮，在列表中选择合适的图形。

"布局"列表

若列表中没有合适的布局，可在列表中
选择"其他布局"选项，打开"选择SmartArt
图形"对话框，选择合适的图形类型，单击"确
定"按钮。

"选择SmartArt图形"对话框

步骤 03 返回工作表，查看更改后的图形效果，
切换到"SMARTART工具-格式"选项卡，单击
"文本填充"下三角按钮，选择文本填充颜色。

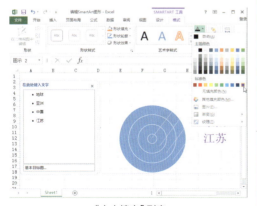

"文本填充"列表

步骤 04 单击选中的颜色，即可看到工作表中文
本最终效果。

完成效果

10.3.3 将图片版式应用于 SmartArt图形

在前面我们介绍了图片的各种应用效果，
在SmartArt图形中，图片还可以作为某个列
表或过程的补充，图片版式也将应用于这些
SmartArt图形。

步骤 01 选中图片，切换至"图片工具-格式"
选项卡，单击"图片样式"选项组中的"图片版
式"下拉按钮，在下拉列表中选择合适的版式。

选择图片版式

步骤 02 应用版式后，在文本框中输入文本内容
即可。

应用图片版式

Chapter **10** 工作表的美化

10.4 使用文本框

相比较单元格而言，文本框更加容易操作且移动方便，避免了因改变单元格大小或合并单元格而产生的麻烦。

10.4.1 插入文本框

在使用Excel时，如原有的说明还不够具体，用户想多添加一些文本说明，可通过插入文本框来实现。下面将以上小节的SmartArt图形文件为例，为其添加文本，具体介绍插入文本框的操作步骤。

步骤 01 打开工作表，在"插入"选项卡下，单击"文本"选项组中的"文本框"下三角按钮，选中"横排文本框"选项。

选择"横排文本框"选项

步骤 02 拖动鼠标在工作表中绘制一个长方形文本框，即可创建横排文本框，在其中输入文本。

插入文本框

10.4.2 设置文本框格式

在工作表中插入文本框后，用户还可对文本框样式进行设置，其操作步骤如下：

步骤 01 打开含有文本框的工作表，选择已经插入的文本框，切换至"绘图工具-格式"选项卡，单击"形状样式"选项组中的"其他"下三角按钮。

单击"其他"下三角按钮

步骤 02 在打开的"形状样式"列表中选择合适的样式，单击即可为所选文本框应用该样式。

选择文本框形状样式

步骤 03 返回工作表即可看到更改后文本框效果。

设置文本框样式

步骤 04 在"艺术字样式"选项组中单击"快速样式"下三角按钮，选择合适的字体样式。

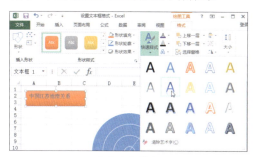

设置字体样式

步骤 05 单击"文字效果"下三角按钮，在下拉列表中选择相应的文字效果。

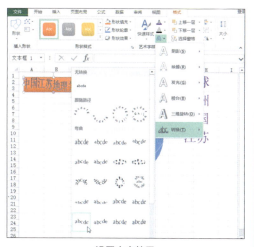

设置文字效果

步骤 06 单击"形状轮廓"下三角按钮，在下拉列表中选择"粗细"选项，在子列表中选择合适的线条样式。

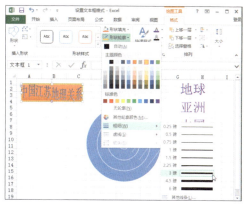

设置文本框轮廓

步骤 07 选中文本框后，将鼠标指针放在文本框的右下角，待指针变为双向箭头时拖动鼠标左键改变文本框大小。

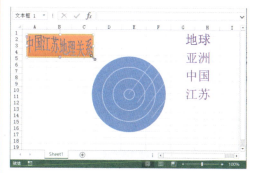

更改文本框大小

步骤 08 选中文本框后，将鼠标指针放在文本框上，按住鼠标左键不放，拖动文本框改变位置。

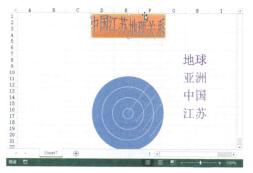

移动文本框

10.5 使用形状

Excel 中的形状是指一组综合在一起的线条、矩形、基本形状、箭头总汇、公式形状、流程图、星与旗帜以及标识等自选图形，用户可以利用它们来绘制形式丰富的图形形状。

10.5.1 插入形状

用户可以在工作表中插入合适的形状，来丰富报表的内容，下面将使用形状对工作表进行批注，其操作步骤如下：

步骤 01 打开工作表，切换至"插入"选项卡，单击"插图"选项组中的"形状"下三角按钮，在打开的列表中选择标注形状样式。

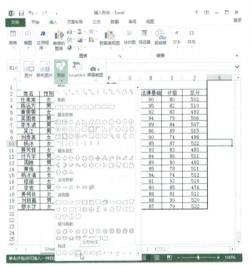

选择标注形状

步骤 02 拖动鼠标在工作表中绘制云形标注并适当调整位置。

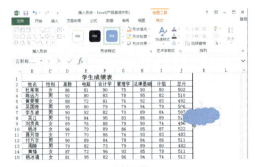

绘制形状

步骤 03 选中绘制的形状并右击，在快捷菜单中选择"编辑文字"命令。

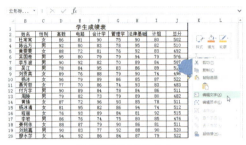

选择"编辑文字"命令

步骤 04 输入批注内容，即可完成批注的创建。

完成批注的创建

10.5.2 设置形状格式

最初创建的形状并不一定能完全满足需要，用户可以根据实际需要，对图形进行编辑，下面介绍其操作方法：

步骤 01 选中插入的形状，切换至"绘图工具-格式"选项卡。

"绘图工具-格式"选项卡

步骤 02 在"插入形状"选项组中单击"编辑形状"下拉列表中选择"更改形状"选项，在子菜单中选择要替换为的形状。

选择形状

步骤 03 单击即可将所选形状替换当前选中的对象，调整合适的位置和大小。

替换形状

步骤 04 在"形状样式"选项组中，单击"其他"按钮，在列表中选择一种形状样式，即可在单元格中看到最终预览效果。

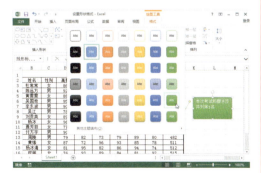

设置形状快速样式

步骤 05 在"艺术字样式"选项组中单击"快速样式"下三角按钮，在列表中选择一种艺术字样式，即可为所选形状文本应用该艺术字效果。

应用艺术字效果

步骤 06 在"艺术字样式"选项组中单击"文本填充"下三角按钮，在下拉列表中选择需要的颜色，即可为艺术字应用该颜色效果。

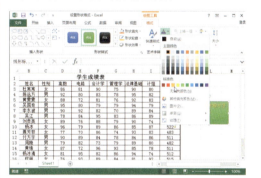

应用艺术字效果

步骤 07 设置完成后查看最终效果。

查看效果

10.6 数据超链接

我们在Excel中查看数据信息时，经常要将表格从头看到尾，非常浪费时间。使用Excel中的超链接功能，只需要单击鼠标，即可跳转到当前工作表的某个位置或者其他工作表甚至是Internet上的某个Web页面，很大程度地方便了日常操作和查阅。

10.6.1 插入超链接

在Excel中也完全可以像网页一样添加超链接，下面介绍几种创建超链接的方法：

1 在当前工作表中设置超链接

首先介绍在本工作表中插入超链接的操作方法，具体步骤如下：

步骤 01 打开工作表后，选中要插入超链接的单元格A1，在"插入"选项卡下单击"链接"选项组中的"超链接"按钮。

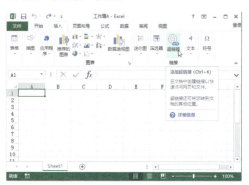

单击"超链接"按钮

步骤 02 打开"插入超链接"对话框，单击"本文档中的位置"选项，在"请键入单元格引用"文本框中输入要链接的单元格，单击"确定"按钮即可。

设置引用单元格

步骤 03 设置完毕后返回工作表中，在A1单元格中会显示其超链接的位置，单击A1单元格，就会直接跳转到超链接的N55单元格。

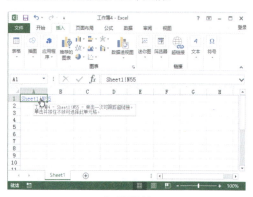

完成超链接

2 设置超链接打开其他工作表或网址

除了可以超链接到当期工作表，用户还可以设置超链接打开其他工作表或网址，步骤如下：

步骤 01 打开需要插入超链接的工作表，切换至"插入"选项卡，单击"链接"选项组中的"超链接"按钮，打开"插入超链接"对话框。

单击"超链接"按钮

步骤 02 单击"现有文件或网页"选项，在右侧可以选择"当前文件夹"、"浏览过的网页"、"最近使用过的文件"三个选项，这里选择"当前文件夹"选项，即可在列表中选择需要连接到当前单元格的文件，单击"确定"按钮。

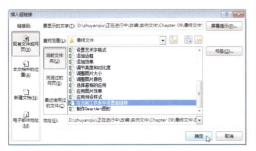

选择文件

步骤 03 返回工作表中可以看到创建的超链接，将鼠标放在该单元格上，就会显示出超链接的地址，单击该单元格，即可打开所链接的文件。

完成超链接

步骤 03 如果需要将网址链接到单元格，就需要在"插入超链接"对话框下方的"地址"文本框中输入或粘贴所需要的网址，单击"确定"按钮即可。

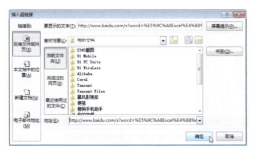

输入网址链接

10.6.2　编辑超链接

在工作表中创建超链接后，用户还可以对其这进行修改、复制、移动等编辑操作，下面详细进行介绍。

1 修改超链接的目标

如果需要对超链接进行修改，则需要进行以下操作：

步骤 01 单击包含超链接的单元格旁边的单元格（不能直接单击包含超链接的单元格），用键盘上的方向键移动到包含超链接的单元格。

选择单元格

步骤 02 在"插入"选项卡下单击"链接"选项组中的"超链接"按钮，打开"编辑超链接"对话框，即可选择新的目标地址。

"编辑超链接"对话框

2 复制或移动超链接

如果需要复制超链接，单击包含超链接的单元格旁边的单元格，用键盘上的方向键移动到该单元，按下快捷键Ctrl+C，复制超链接，然后选择目标单元格，按下快捷键Ctrl+V粘贴即可。

如果要移动超链接，则选择包含超链接的单元格后，按下快捷键Ctrl+X，剪切超链接，然后选择目标单元格，按下快捷键Ctrl+V粘贴即可。

综合案例 | 制作医院网站管理统计流程图

医院网站管理系统HMS，是专门为方便医院高效管理医院网站的应用系统，而开发的综合性网站管理平台，在本实例中利用本章所学的SmartArt图形的操作方法来为创建一个信息统计流程图，其操作步骤如下：

步骤 01 打开Excel后，创建一个空白工作簿，切换至"插入"选项卡，单击"文本"选项组中的"文本框"下三角按钮，选择"横排文本框"选项。

选择"横排文本框"选项

步骤 02 在工作表中拖动鼠标，绘制一个横排文本框，输入文本"医院网站管理系统信息统计流程图"。

创建文本框

步骤 03 切换至"绘图工具-格式"选项卡，为创建的文本框设置合适的效果。

设置文本框效果

步骤 04 选择合适的单元格，切换至"插入"选项卡，单击"插图"选项组的"联机图片"按钮，在打开的"插入图片"选项面板搜索合适的人物剪贴画。

"插入剪贴画"命令

步骤 05 将搜索的"人物"剪贴画插入到工作表中，拖动鼠标调整至合适大小。

插入并调整剪贴画

步骤 06 按照上述步骤，依次插入多个剪贴画并调整其大小及合适的位置。

插入并调整多个剪贴画

步骤 07 在"插入"选项卡下，单击"插图"选项组的"形状"下三角按钮，在下拉列表选择一种形状，这里选择"圆角矩形"选项。

选择形状

步骤 08 在工作表中拖动鼠标绘制一个圆角矩形，并调整其大小及位置。

绘制形状

步骤 09 选择该形状，切换至"绘图工具-格式"选项卡，单击"形状样式"选项组中的"形状填充"下三角按钮，在颜色列表中选择合适的颜色。

调整图形填充颜色

步骤 10 单击"形状样式"选项组中的"形状效果"下三角按钮，在下拉列表中选择"棱台"选项，在打开的子列表中选择一种棱台效果。

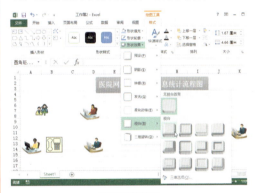

设置形状效果

步骤 11 将该形状进行多次复制，并调整位置。

复制形状

步骤 12 按照上面介绍的操作方法，在工作表中绘制其他几种不同样式的形状，并且调整形状的样式效果。

插入形状

步骤 13 选择一个形状，右键单击，在弹出的快捷菜单中选择"编辑文字"命令。

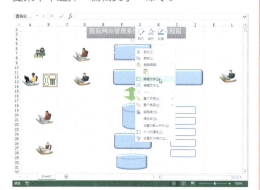

选择"编辑文字"命令

步骤 14 为该形状输入文本内容，并设置文本的位置。

输入文字

步骤 15 按照上述操作步骤，为其他形状添加相应的文本内容。

添加其他形状的文字

步骤 16 单击"插入"选项卡下"插图"选项组中"形状"下三角按钮，选择"箭头"选项。

选择"箭头"形状

步骤 17 在工作表中的合适位置绘制多个箭头，并在"线条"行中再选择"肘形箭头连接符"及"直线"，为流程图绘制链接符号。

绘制链接符号

步骤 18 按住Ctrl键的同时，单击选择所有的线条连接符号，切换至"绘图工具–格式"选项卡，在"形状样式"选项组中单击"形状轮廓"下三角按钮，选择合适的线条颜色和线条粗细。

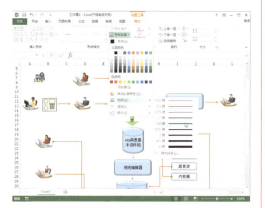

设置线条样式

步骤 19 切换至"插入"选项卡，在"文本"选项组中单击"文本框"下三角按钮，选择"横排文本框"选项。

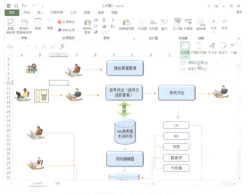

选择"横排文本框"选项

步骤 20 绘制文本框并输入相应的文字。

绘制文本框并输入文字

步骤 21 同样的方法创建多个文本框并输入对应的文字。

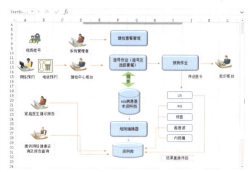

绘制多个文本框

步骤 22 按住Ctrl键的同时，单击选择所有文本框，切换至"绘图工具–格式"选项卡，在"形状样式"选项组中单击"其他"下三角按钮，选择需要的样式。

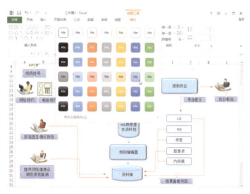

设置文本框样式

步骤 23 切换至"视图"选项卡，取消勾选"显示"选项组中的"网格线"复选框，即可完成本流程图的制作。

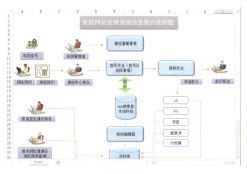

完成绘制

工作表的输出

　　Excel在实际工作中应用在很多方面，大至企业报表，小至家庭理财都可以利用Excel来完成。在使用该软件没有问题的用户往往会在打印时或多或少出现些错误，这样就会影响最后的效果。本章主要讲述的是关于Excel打印的一些知识，如页面布局的设置、表格的打印技巧、发布Excel文件、协同办公等。

本章所涉及到的知识要点：

◆ 设置页面布局　　　　◆ 插入分页符

◆ 设置打印区域　　　　◆ 指定打印页码

◆ 发布文件　　　　　　◆ 协同办公

本章内容预览：

设置纸张大小

打印预览

在PowerPivot中应用Excel图表

11.1 设置页面布局

Excel 2013中包含三种视图模式，即普通视图、页面布局视图以及分页预览视图。这里主要讲述页面布局视图，它兼有打印预览和普通视图的优点。在页面布局视图中，既能对表格进行编辑修改，也能查看和修改页边距、页眉和页脚，同时还会显示水平和垂直标尺，对于测量和对齐对象十分有用。

11.1.1 设置纸张方向与大小

在使用Excel的过程中，很多时候需要设置页面纸张的方向及大小，以优化最终打印效果。

1 设置纸张方向

在Excel工作表中，用户既可以将纸张方向设置为纵向显示，也可以设置为横向显示，用户可以通过以下两种方式进行设置。

方法一： 在功能区中设置

打开Excel工作表窗口，切换至"页面布局"选项卡，单击"页面设置"选项组中的"纸张方向"下三角按钮，并在打开的列表中选择"纵向"或"横向"选项即可。

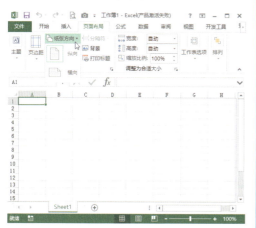

功能区直接设置

方法二： 在对话框中进行设置

步骤01 打开Excel工作表，切换到"页面布局"选项卡。单击"页面设置"选项组的对话框启动按钮。

单击"页面设置"选项组对话框启动器按钮

步骤02 打开"页面设置"对话框，在"页面"选项卡下，勾选"纵向"或"横向"单选按钮，并单击"确定"按钮。

"页面设置"对话框

2 设置纸张大小

一般而言，办公及个人使用的纸张为A4纸（210mm*297mm），从大到小为：A0、A1、A2、A3、A4、A5、A6、A7、A8、A9，前一

个是后一个的两倍，可根据实际需要设置工作表所使用的纸张大小，用户可以通过以下两种方式进行设置。

方法一： 在功能区中进行设置

打开Excel工作表，执行"页面布局>页面设置>纸张大小"命令，在打开的列表中选择合适的纸张大小。

在功能区中选择纸张大小

方法二： 在对话框中进行设置

步骤01 打开Excel工作表，切换到"页面布局"选项卡，单击"页面设置"选项组的对话框启动器按钮。

单击对话框启动器按钮

步骤02 在"页面设置"对话框中，切换到"页面"选项卡，单击"纸张大小"下拉按钮，在列表中选择合适的纸张大小，单击"确定"按钮。

"页面设置"对话框

11.1.2 设置页边距

在使用Excel时，经常需要调整表格与纸张的距离，这时需要对工作表的页边距进行设置。页边距就是被打印的Excel 2013工作表与纸张边沿之间的距离。通过设置工作表页边距，可以最合理地利用纸张。用户可以通过以下两种方式进行设置。

方法一： 在功能区中进行设置

打开Excel工作表，执行"页面布局>页面设置>页边距"命令，在打开的下拉列表中选择"普通"、"宽"或"窄"选项即可。

单击"页边距"下三角按钮

方法二： 在对话框中进行设置

步骤01 打开Excel工作表，切换至"页面布局"选项卡，单击"页面设置"选项组的对话框启动器。

单击对话框启动器按钮

步骤 02 在打开的"页面设置"对话框中，在"页边距"选项卡中设置"上"、"下"、"左"、"右"页边距尺寸，单击"确定"按钮即可。

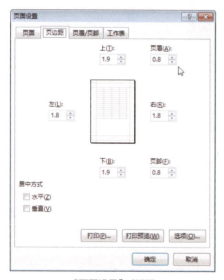

"页面设置"对话框

11.1.3 设置页眉与页脚

在Excel中，用户可以自己定义有特色的页眉、页脚，让工作表变得更个性化，如在工作表的页眉或页脚处添加公司的标志图案等。下面以在页眉中插入图片为例介绍其操作方法。

步骤 01 打开Excel工作表，切换至"页面布局"选项卡，单击"页面设置"选项组对话框启动器。

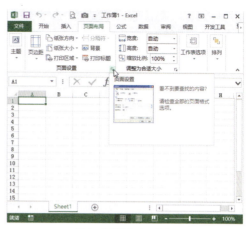

单击对话框启动器按钮

步骤 02 在"页面设置"对话框中，切换到"页眉/页脚"选项卡，单击"自定义页眉"按钮。

"页面设置"对话框

步骤 03 打开"页眉"对话框，单击"插入图片"按钮。

"插入图片"按钮

步骤 04 打开"插入图片"对话框，选择合适的图片，单击"插入"按钮。

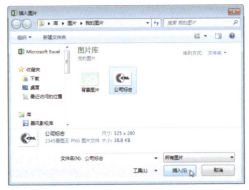

选择并插入图片

步骤 05 此时可看到在"页眉"预览框中显示了插入的图片的预览效果，单击"确定"按钮完成页眉的设置。

"页面设置"对话框

步骤 06 执行"文件 > 打印"命令，即可在右侧的预览区域看到插入页眉的预览效果。

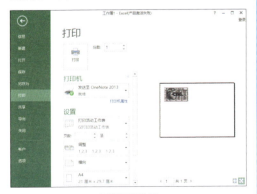

打印预览效果

11.1.4 打印与预览

在Excel中由于采用了"所见即所得"的预览效果，用户可以在对工作表打印输出之前，通过打印预览命令，在屏幕上查看工作表的打印效果。

1 预览打印效果

在对工作表进行打印前，用户首先需要对要打印的内容进行预览操作，下面介绍两种打印预览的方法。

方法一： 在Backstage视图中查看

执行"文件 > 打印"命令，即可在窗口右侧看到打印输出的预览版。

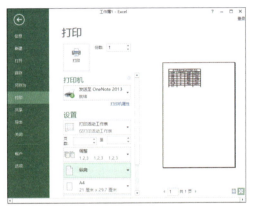

打印预览

方法二： 应用快速访问工具栏进行查看

单击快速访问工具栏中的"打印预览和打印"图标，这和选择"文件"菜单中的"打印"命令取得的结果相同。

在打印预览窗口左侧"设置"板块，用户可以对打印效果的页数、方向、大小、边距等进行设置，并在右方显示预览效果。

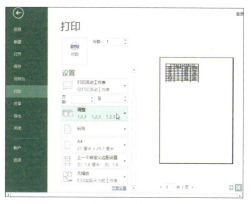

打印预览效果

2 工作表打印

打印预览设置完成后，可在"打印"选项面板设置打印的"份数"，单击"打印"按钮即可开始打印。

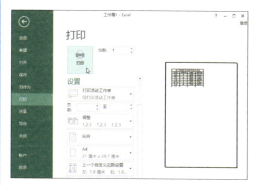

单击"打印"按钮

11.2　表格打印技巧

相对Word而言，Excel文件的打印要复杂一些，Excel工作表不仅大小有悬殊，并且一个工作表的打印范围也是多种多样的，能否打印出美观的表格，一些小技巧是十分关键的。

11.2.1　插入分页符

Excel中的分页符起到强制分页的作用，便于用户查看工作表，下面介绍具体操作方法。

步骤 01 打开工作表，选择要插入分页符的下方左上角一个单元格，如A19单元格。

选择单元格

步骤 02 切换至"页面布局"选项卡，单击"页面设置"选卡组的"分隔符"下三角按钮，选择"插入分页符"选项。

选择"插入分页符"选项

步骤 03 在工作表中即可看到由虚线表示的分页符。

插入分页符

11.2.2 设置打印区域

在制作一张工作表时，通常会在表格外标出许多其他的东西，如电话号码、通信地址、表外批注等等，这些都是不需要打印的内容。为了将表外不需要打印的内容去除，就必须进行打印区域设置，打印区域设置常用的方法有三种。

1 通过"页面设置"对话框设置

在"页面设置"对话框中打印区域进行设置，是设置打印区域最基本的方法，下面介绍具体操作步骤。

步骤 01 切换至"页面布局"选项卡，单击"页面设置"选项组的对话框器动器按钮。

单击对话框启动器按钮

步骤 02 在"页面设置"对话框中，切换到"工作表"选项卡，单击"打印区域"右侧的折叠按钮。

"打印设置"对话框

步骤 03 在工作表中选择打印区域后，再次单击折叠按钮。

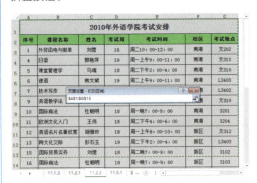

选择打印区域

步骤 04 返回"页面设置"对话框，可以看到已经选择好打印区域，单击"确定"按钮，完成打印区域设置。

单击"确定"按钮

② 在"页面布局"选项卡下设置

直接在"页面布局"选项卡,对打印区域进行设置是最便捷的方法,具体如下:

步骤01 选择要打印的区域,执行"页面布局＞页面设置＞打印区域＞设置打印区域"命令。

选择"设置打印区域"选项

步骤02 在工作表中即会显示打印区域的分隔线。

序号	课程名称	姓名	考试周	考试时间	校区	考试地点
				2010年外语学院考试安排		
1	外贸函电与制单	刘煜	16	周二10:00-12:00	南湖	文202
4	日语	郭艳萍	19	周一上午9:00-11:00	南湖	文313
5	课堂管理学	马瑞	18	周二下午2:00-4:00	南湖	文310
6	德语	南文斌	19	周二上午9:00-11:00	南湖	L3403
7	技术写作	程建山	19	周三上午9:00-11:00	南湖	L3402
9	英语教学法	王楠华	18	周二下午2:00-4:00	南湖	文310
10	国际商法	杜朝明	18	周一晚7:00-9:00	南湖	3201
11	欧洲文化入门	王伟	19	周二下午4:00-6:00	南湖	3205
12	英语名片著欣赏	胡雅羚	18	周一上午00-10:00	新区	文312
13	跨文化交际	彭石玉	19	周二下午2:00-4:00	新区	L3403
15	国际贸易实务	刘煜	18	周二下午2:00-4:00	新区	3102
16	国际商法	杜朝明	18	周一晚7:00-9:00	新区	3103
17	日语	郭艳萍	19	周一上午9:00-11:00	新区	文313

完成打印区域的设置

③ 在"视图"选项下设置

用户还可以在"视图"选项卡下,对打印区域进行设置,具体操作方法如下:

步骤01 切换至"视图"选项卡,单击"工作簿视图"选项组中的"分页预览"按钮。

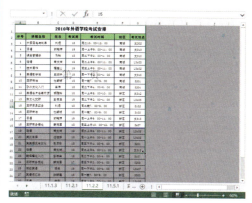

单击"分页预览"按钮

步骤02 工作表进入分页预览视图模式,此时在工作表上会出现蓝色的外框实线,用来表示打印区域,单击鼠标左键拖动外框线即可设置打印区域的范围。

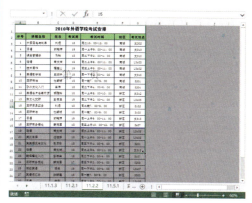

调整打印区域

11.2.3 重复打印标题行

在Excel中,当记录超过一页时,用户都希望每一页的第一行都能显示标题行,那么该怎样才能实现这样的效果呢?下面来介绍可以重复打印标题的操作方法。

方法一: 在功能区中设置

首先介绍应用对话框进行标题行设置的操作方法,具体如下:

步骤01 打开工作表,在"页面布局"选项卡下单击"页面设置"选项组的对话框启动器按钮。

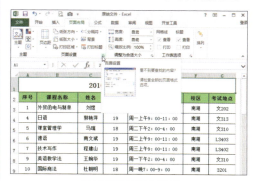

单击对话框启动器按钮

步骤02 打开"页面设置"对话框,切换到"工作表"选项卡,在"打印标题"选项区域中单击"顶端标题行"右侧的折叠按钮。

"页面设置"对话框

步骤 03 在工作表中，鼠标指针变成箭头形状，选择要重复打印的标题行。

选择标题行范围

步骤 04 返回到"页面设置"对话框，单击"确定"按钮完成设置。

选择标题行范围

步骤 05 执行"文件＞打印"命令，即可看到预览效果，将视图拖至第2页，可以看到被设置的标题行。

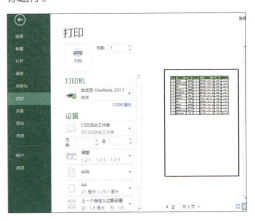

打印预览效果

方法二： 在功能区中设置

执行"页面布局＞页面设置＞打印标题"命令，即可直接打开"页面设置"对话框并切换到"工作表"选项卡。余下步骤同方法一，不再赘述。

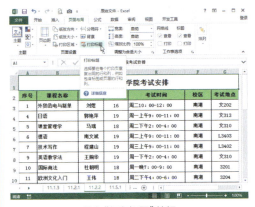

单击"打印标题"按钮

这样无论表格有多少页，都会在每一页的首行自动调用设置的标题行，完全不用担心标题会错位的情况了。

高手妙招

Excel打印不全的原因

Excel工作表打印不全，通常原因分别为：文档本身过大，调整设置也无法改善；或是页面设置错误，如果仅是页面设置有误，只需重新设置即可。

11.3　打印表格数据

要打印表格数据，除了设置纸张方向和大小、页边距、页眉与页脚、打印区域等，还可以设置打印指定页码。设置完毕后，就可以开始打印了。如果在打印过程中发现问题，用户需要及时终止打印。

11.3.1　打印指定页码

有时，需要打印Excel工作表的指定页面。那么如何打印Excel工作表指定页面呢？下面就来介绍一下其操作方法：

打开要打印的工作表，执行"文件 > 打印"命令，将"页数"设置为要打印页码数即可。

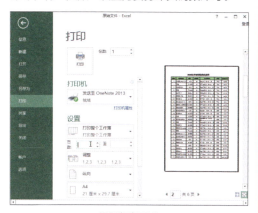

设置打印页码

11.3.2　终止打印任务

用户在打印材料的时候，常常会遇到文件编辑错误或者打印机缺墨的情况，这种情况下，让打印机继续执行打印任务的话，会造成纸张或墨水的浪费。因此，在遇到这样的情况时，一定要及时将正在执行的打印任务停止。

方法一： 停止打印任务

执行打印任务后，在电脑右下角会有一个打印任务提示框，双击打开提示框，选择要停止的打印任务，右键单击，在打开的菜单中选择"停止"命令即可

方法二： 抽掉打印纸

有时停止打印任务，系统可能会弹出当前打印任务无法停止的错误提示，面对这种提示，最直接的方法就是抽掉打印纸。打印机在打印过程中，检测不到打印纸的存在，就会自动停止打印任务。

11.4　共享Excel文件

在Excel工作簿中进行数据分析处理完成之后，往往还要将最终的结果发布出来，以供他人使用。Excel 2013为用户提供了多种数据共享的手段，与早期版本相比较而言，其操作更加简单快捷。

11.4.1　创建共享工作簿

创建共享工作簿的方法很简单，具体操作如下：

步骤 01 打开需要共享的工作簿，切换至"审阅"选项卡，单击"更改"选项组中的"共享工作簿"按钮。

单击"共享工作簿"按钮

步骤 02 在"编辑"选项卡下勾选"允许多用户同时编辑，同时允许工作簿合并"复选框。

打开"共享工作簿"对话框

工作簿共享

11.4.2 在局域网中共享工作簿

Excel 2013可以在局域网中共享工作簿，将需要共享的工作簿移动至已共享的文件夹中即可，接下来我们先创建共享文件夹。

步骤 03 切换至"高级"选项卡，设置"自动更新间隔"等，单击"确定"按钮。

步骤 01 右击需要共享的文件夹，在"共享"子菜单中选择"特定用户"选项。

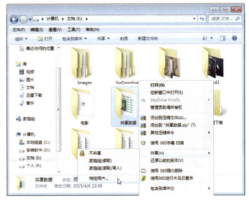

选择"特定用户"选项

"高级"选项卡

步骤 04 弹出Microsoft Excel对话框，提示该操作会保存文档，使文档共享，单击"确定"按钮即可。

步骤 02 弹出"文件共享"对话框，单击文本框右侧下拉按钮，选择Everyone选项，然后单击"添加"按钮。

系统提示对话框

步骤 05 这时工作簿名称后面将出现"[共享]"字样，表明该工作簿现在已处于共享状态。

添加用户

步骤 03 返回"文件共享"对话框，单击用户名右侧下拉按钮，设置用户的访问权限。此处选择"读/写"权限，单击"共享"按钮，然后单击"完成"按钮。

设置用户权限

步骤 04 打开桌面上"网络"图标，双击对应的电脑名称，即可看到设置的共享文件夹，此时可以查看文件夹内的数据。

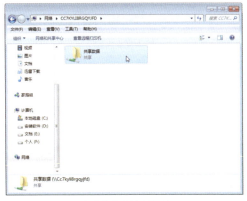

完成共享文件夹设置

11.4.3 使用电子邮件发送

用户可以将数据分析结果以电子邮件的形式发送，Excel 2013提供了多种邮件发送方式。

单击"文件"按钮选择"共享"选项，在右侧的"共享"区域中选择"电子邮件"选项，即可在右侧面板看到：

- "作为附件发送"：将工作簿的副本附加到电子邮件中。
- "以PDF形式发送"：将工作簿转换为PDF文件，并作为副本附加到电子邮件中。
- "以XPS形式发送"：将工作簿转换为XPS形式，并作为副本附加到电子邮件中。
- "以Internet传真形式发送"：不需要传真机，直接以Internet传真形式发送。

使用电子邮件发送

11.5 Excel与其他办公软件协同办公

当你的公司需要在最短的时间内统计每个人的促销活动的数据，或老板要求公司各部门协力完成某项重要工程后进行统计时，你会发现每个人或各部门的数据并不都是记录在Excel工作薄中，可能会使用其他Office办公软件进行数据的记录，这时候你要怎么统一整理呢？

Microsoft Office办公软件中包含了Excel、Word、PowerPoint等多种程序组件，Excel可以非常方便地和这些程序进行数据共享，下面就来介绍一下Excel与Office其他组件之间的协作。

b

d

f

h

j

n

11.5.1 Excel与Word间的协作

Office系列软件的一大优点就是能够互相协同工作，不同的应用程序之间可以方便地进行数据交换。

1 在 Excel 工作表中新建 Word 文档

使用Excel中的插入对象功能，就可以很容易地在Excel中插入Word文档，具体的操作方法如下：

步骤 01 打开Excel工作表，选择要插入Word文档的位置，切换至"插入"选项卡，在"文本"选项组中单击"对象"按钮。

单击"对象"按钮

步骤 02 打开"对象"对话框，在"对象类型"列表中选择"Microsoft Word文档"选项。

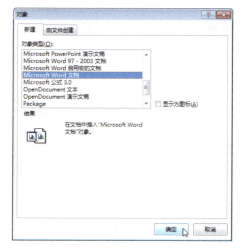

新建对象

步骤 03 单击"确定"按钮，在Excel中会出现一个Word文本编辑框。

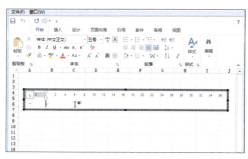

文本编辑框

步骤 04 用户可在文本框中输入内容，操作与在Word中相同。

输入文本内容

2 在 Excel 工作表中插入 Word 文档

除了在Excel工作表中插入空白的Word文档之外，用户还可以插入已有的Word文档，其具体操作方法如下：

步骤 01 前面介绍的方法打开"对象"对话框，切换到"由文件创建"选项卡，单击"浏览"按钮。

单击"浏览"按钮

步骤02 在打开的"浏览"对话框中，选择本地硬盘中已有的Word文档。

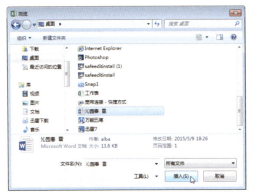

选择本地对象

步骤03 单击"插入"按钮，即可在Excel工作表中嵌入已有的Word文档。

3 将 Excel 表格粘贴到 Word 中

如果Word文档中需要引用某个Excel工作表中的数据内容，用户可以将该工作表中的内容直接复制到Word文档中的指定位置，具体操作步骤如下：

步骤01 打开Excel工作表，选择需要复制到Word文档中的数据，按下Ctrl+C组合键。

复制表格

步骤02 打开Word文档，将光标定位在要插入表格的位置，按下Ctrl+V组合键即可。

粘贴表格

11.5.2　Excel与PPT间的协作

用户也可以将Excel数据粘贴到PowerPoint中，并能够进行Excel数据的链接，以便在原始Excel工作簿中更改数据时，演示文稿中的数据可以自动更新。

1 在 PowerPoint 中使用 Excel 表格

在PowerPoint中使用Excel表格，可以通过插入"对象"命令实现，也可以直接使用"复制"、"粘贴"命令来实现。下面介绍使用插入"对象"命令的操作方法。

步骤01 打开PowerPoint演示文稿，执行"插入>文本>对象"命令。

单击"对象"按钮

步骤 02 打开"插入对象"对话框，选择"由文件创建"单选按钮，再单击"浏览"按钮。

单击"浏览"按钮

步骤 03 在打开的"浏览"对话框中选择需要的Excel工作薄，单击"确定"按钮，返回"插入对象"对话框，勾选"链接"复选框，单击"确定"按钮。

勾选"链接"选框

步骤 04 返回工作表中可以看到，在Power-Point中插入了Excel数据。

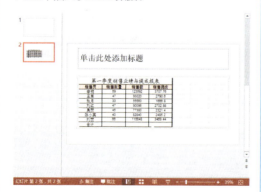

插入Excel表格

2 在 PowerPoint 中使用 Excel 图表

在PowerPoint中使用图表，可以直观地表现各项数据。用户可以使用插入"图表"功能

（与Excel图表相同）插入图表，也可以将Excel图表粘贴到PowerPoint中，具体操作步骤如下：

步骤 01 打开Excel工作簿，选择要在Power-Point中使用的图表，执行"复制"命令。

选择并复制图表

步骤 02 打开PowerPoint演示文稿，单击"开始 > 粘贴板 > 粘贴"下拉按钮，在打开的选项中选择"保留源格式"选项。

选择"保留源格式"选项

步骤 03 即可看到在PowerPoint演示文稿中使用Excel图表的效果。

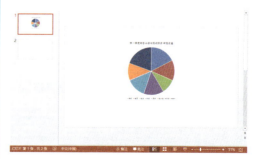

在幻灯片中插入Excel图标

综合案例 | 打印考试安排表

本章中介绍了一些Excel表格打印之前的设置技巧，如设置纸张方向与大小、页边距、页眉与页脚、分页符、重复打印标题等，在本实例中就利用这些知识来进行实际操作，对需要打印的Excel文档进行设置和打印，下面介绍其操作步骤。

步骤 01 打开"2015年外语学院考试安排表"工作，切换至"页面布局"选项卡，单击"页面设置"选项组的"纸张方向"下拉按钮，在展开的列表中选择"横向"选项。

设置纸张方向

步骤 02 单击"页面设置"选项组的"纸张大小"下拉按钮，在展开的列表中选择A4选项。

设置纸张大小

步骤 03 选择需要打印的单元格区域，执行"页面设置>打印区域>设置打印区域"命令，设置其打印范围。

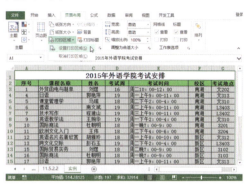

设置打印区域

步骤 04 选中第16行，单击"页面设置"选项组的"分隔符"下拉按钮，选择"插入分页符"选项。

选择"插入分页符"选项

步骤 05 单击"页面设置"选项组的"打印标题"按钮。

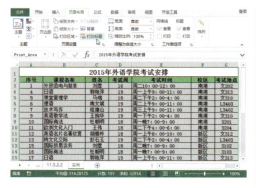

单击"打印标题"按钮

步骤06 打开"页面设置"对话框，切换到"工作表"选项卡，单击"顶端标题行"右侧的折叠按钮。

"页面设置"对话框

步骤07 在工作表中选择要打印顶端标题行的单元格区域，返回到"页面设置"对话框，单击"确定"按钮即可。

选择打印区域

步骤08 选择"文件>打印"选项，在打开的预览面板中拖动滑块至第二页，即可看到第二页设置后的打印预览效果。

查看预览效果

步骤09 在"打印"面板中，设置"打印份数"，单击"打印"按钮，即可开始打印文件。

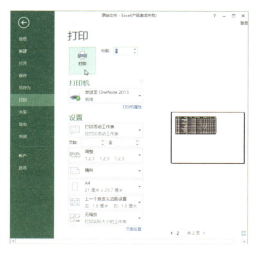

设置打印份数

操作提示

打印连续多个以及全部工作表的方法

若选择连续多个工作表，可以在选中第一个工作表后，按住Shift键，再选择最后一个工作表。如果要打印的是所有的工作表，则可以直接使用"打印整个工作簿"的功能。

Excel在行政文秘办公中的应用

　　公司行政文秘员工，通常都是协助领导处理公司日常事务、为领导提供参谋建议，并在领导与员工之间，进行有效沟通协调工作。而在日常工作中，该类员工难免要对公司的一些重要数据及文件进行处理存档。如果能够熟练地运用Excel相关功能，工作效率将会事半功倍。本章将以制作实例的方式，来介绍Excel 2013软件在行政办公中的应用操作。

本章所涉及到的知识要点：

◆ 设置数字格式　　　　◆ 设置数据验证

◆ 设置表格外观样式　　◆ 设置表格文本格式

◆ 打印表格

本章内容预览：

制作产品入库表

制作公司员工资料表

制作员工培训计划表

12.1 制作产品入库表

通常各卖场在进货时，都需要对入库产品进行统计，这样可以方便以后对这些产品进行调用查看。下面将以制作产品入库明细表为例，来介绍Excel各种数据录入的操作方法。

12.1.1 输入表格文本内容

启动Excel 2013软件，在打开的空白工作簿中创建产品入库表。

1 输入标题及表头内容

下面将对表格的标题及表头进行输入操作。

步骤01 启动Excel软件，选中A1单元格，输入表格标题内容。

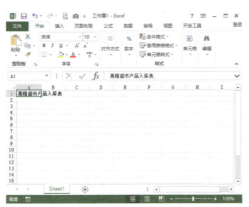

输入表格标题

步骤02 选中A2单元格，输入相关内容，其后选中A3和E3单元格，继续输入文本内容。

输入表头内容

步骤03 然后在A4:F4单元格区域中，输入表格首行文本内容。

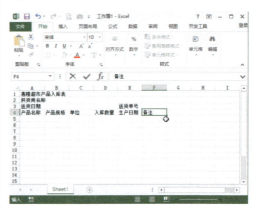

输入表格首行内容

2 插入列

表头内容输入完成后，若想添加列，可通过以下方法操作：

步骤01 选中E、F列，单击鼠标右键，在弹出的快捷菜单中选择"插入"命令。

选择"插入"命令

步骤02 此时可以看到，在D列后自动插入两个空白列。

插入列

步骤03 然后在D5:F5单元格区域中，输入相应的单元格内容。

输入单元格内容

③ 合并单元格

　　表格内容输入后，有时会根据需要对相关单元格进行合并操作，其方法如下：

步骤01 选中A2:H2单元格区域，在"开始"选项卡下的"对齐方式"选项组中，单击"合并后居中"下三角按钮，选择"合并单元格"选项。

合并单元格

步骤02 可以看到，被选中的单元格区域已进行合并操作。

查看结果

步骤03 选中B3:F3单元格区域，再次选择"合并单元格"选项，将其合并操作。

合并B3: F3单元格

步骤 04 选中A4：A5单元格区域，单击"合并后居中"按钮。

合并A4：A5单元格区域

步骤 05 在表格中，选择其他需要合并的单元格，单击"合并后居中"按钮，将其进行合并居中操作。

合并其他单元格区域

4 输入表格内容

下面将对表格主要文本内容进行输入操作。

步骤 01 选中A6单元格，输入入库产品名称，选择该列其他单元格，并输入相应的文本内容。

输入"产品名称"列内容

步骤 02 然后在B6:B16单元格区域中，输入"产品规格"的相关文本内容。

输入"产品规格"列内容

高手妙招

在不连续单元格中输入相同文本内容

输入表格内容时，如果要大量输入相同的内容，可使用自动填充数据功能进行输入。但如果要在不连续单元格中，输入相同文本，可按Ctrl键，选中多个不连续的单元格，在公式编辑栏中，输入要输入的文本，按"Ctrl+Enter"组合键即可统一输入。

步骤 03 输入完"产品规格"列的相关内容后，选中C6单元格，并输入文本内容。

输入C6单元格内容

步骤 04 选中C6单元格右下方填充手柄，按住鼠标左键不放，将该手柄拖拽至C16单元格中，放开鼠标左键，完成填充数据操作。

自动填充数据

步骤 05 选中其他单元格，完成表格剩余内容的输入操作。

输入剩余内容

5 求和计算

在数据输入过程中，很可能要进行一些简单的运算。例如求和、求平均值，此时用户则可使用相关公式功能轻松输入数据，其方法如下：

步骤 01 选中F6单元格，输入公式"=SUM (D6:E6)"，此时系统已框选D6:E6单元格区域。

输入公式

步骤 02 按下Enter键，此时在F6单元格中显示计算结果。

完成计算

步骤 03 选中F6单元格右下角填充手柄，按住鼠标左键不放，将其手柄拖拽至F16单元格中，释放鼠标，完成求和公式复制操作。

复制公式

12.1.2 设置表格格式

表格的内容输入完毕后，需要对表格内容格式进行一些必要的设置与调整，其具体操作步骤如下：

步骤 01 选中A1:H1单元格区域，并将其进行"合并居中"操作，其后选中标题文本，在"字体"选项组中，将标题字体设为黑体，将其字号设为22。

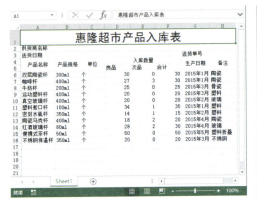

设置标题格式

步骤 02 选中A2单元格，将其字体设为仿宋，将其字号设为14，并将其相关字体加粗显示。

设置第2行文本格式

步骤 03 选中A3：H3单元格区域，并将其文本格式进行设置。

设置第3行文本格式

步骤 04 选中表格首行相关单元格，并将其文本格式、文本对齐方式进行设置。

设置表格首行文本格式

步骤 05 全选表格内容，在"字体"选项组中，对文本格式进行设置，然后在"对齐方式"选项组中，设置文本的对齐方式。

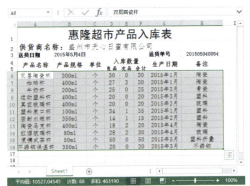

设置表格内容居中显示

步骤 06 在"开始"选项卡的"单元格"选项组中，单击"格式"下拉按钮，选择"行高"选项。

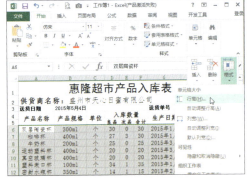

设置行高

步骤 07 在"行高"对话框中，输入所需行高值。

输入行高值

步骤 08 单击"确定"按钮，完成表格行高的设置操作。

完成行高设置

12.1.3 设置表格外框格式

下面将对表格边框线进行设置操作。

步骤 01 选中A2：H16单元格区域，单击鼠标右键，选择"设置单元格格式"命令，弹出"设置单元格格式"对话框。

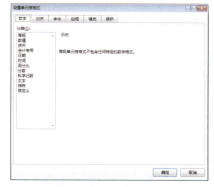

"设置单元格格式"对话框

步骤 02 切换至"边框"选项卡，在"样式"列表中，选择满意的线样式，其后在"预置"选项区域中单击"外边框"按钮。

设置外边框线样式

步骤 03 在"样式"列表中，选择内框线样式后，单击"内部"按钮。

设置内框线样式

步骤 04 单击"确定"按钮，即可完成该表格边框线的添加操作。

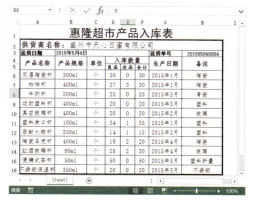

完成设置

12.2 制作员工资料表

使用Excel可将一些庞大的数据信息进行有序的归档，以方便用户下次调用操作。下面将综合运用Excel相关功能，来制作员工信息统计表。该实例所涉及到的功能有：设置数据验证、日期与时间函数的计算及表格边框样式的设置等。

12.2.1 录入员工信息内容

启动Excel 2013后，创建空白工作簿，在此用户即可输入员工信息内容。

1 输入表格表头内容

下面将介绍如何对表格的标题及表头内容进行输入操作。

步骤 01 选中A1单元格，输入表格标题文本。

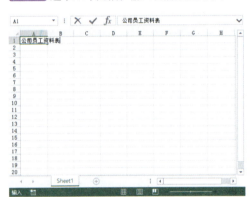

输入表格标题内容

步骤 02 选中第二行，在A2:G2单元格中根据需要输入表格文本内容。

输入表格首行内容

2 输入表格正文内容

下面将输入表格正文文本内容，其具体操作如下：

步骤 01 选中"姓名"列相关单元格，输入员工姓名。

输入"姓名"列内容

步骤 02 在"性别"列中，按住Ctrl键的同时选中多个单元格。

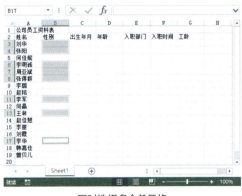

同时选择多个单元格

步骤 03 选择好后，在公式编辑栏中，输入相关文本，其后按下Ctrl+Enter组合键，即可统一输入。

输入单元格内容

步骤 04 按照上一步操作，输入"性别"列的其他单元格文本。

输入其他单元格内容

步骤 05 选中"出生年月"列的相关单元格，并输入文本内容。

输入"出生年月"列内容

步骤 06 选中E3单元格，在"数据"选项卡的"数据工具"选项组中，单击"数据验证"按钮，弹出对话框。

弹出"数据验证"对话框

步骤 07 在"设置"选项卡的"允许"列表中，选择"序列"选项，在"来源"文本框中，输入相关数据。

设置数据验证条件

步骤 08 单击"确定"按钮，完成数据验证设置操作。此时E3单元格已添加数据验证。

输入相关部门

步骤 09 选中E3右下角填充手柄，按住鼠标左键不放，将其手柄拖拽至E19单元格中，此时数据有效性功能已复制到其他单元格中。

复制数据验证功能

步骤 10 单击相关单元格下拉按钮，选择所需数据内容，即可快速输入。

输入"入职部门"列内容

步骤 11 选中F列单元格，并输入相关文本内容。

输入"入职时间"列内容

12.2.2　计算员工年龄

下面将使用日期与时间函数，计算出员工年龄值，其方法如下：

步骤 01 选中D3单元格，在"公式"选项卡中，单击"插入函数"按钮，打开"插入函数"对话框，在"选择函数"列表中，选择YEAR选项，单击"确定"按钮。

插入相关函数

步骤 02 弹出"函数参数"对话框，在Serial_number文本框中输入today()。

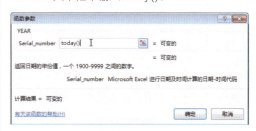

设置函数参数

步骤 03 单击"确定"按钮，此时在D3单元格中即可显示当前年份。

显示当前年份

步骤 04 单击公式编辑栏，将光标放置公式后，输入"-"减号。

输入减号

步骤 05 再次打开"插入函数"对话框，选择YEAR函数，并将Serial_number参数设为"C3"。

设置函数参数

步骤 06 单击"确定"按钮，然后在"开始"选项卡的"数字"选项组中，单击"数字格式"下拉按钮，选择"文本"选项。

设置数值格式

步骤 07 设置完成后，在D3单元格中即可显示员工年龄。

计算出年龄

步骤 08 选中D3：D20单元格区域，单击"向下填充"按钮，将公式复制至剩余单元格中。

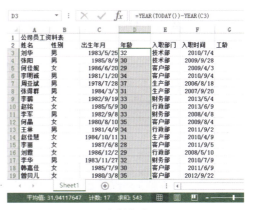

复制公式

12.2.3　计算员工工龄

下面将使用DATEDIF()函数，对员工工龄数据进行计算，其方法如下：

步骤 01 选择G3单元格，在公式编辑框中输入"=DATEDIF（F3，TODAY()，"Y"）"。

输入公式

步骤 02 按下Enter键，完成该单元格工龄值的计算操作。

完成计算

步骤 03 选中G3：G20单元格区域，单击"向下"填充按钮，将该公式复制到其他单元格中。

复制单元格公式

操作提示

运用嵌套函数

在实际操作中，通常一个公式不会只使用一个函数，多数情况下都包含这几个不同的函数，这种函数叫做嵌套函数。嵌套函数是指一个函数作为另一个函数的参数出现。

12.2.4 设置表格样式

表格所有数据内容输入完毕后，用户需对表格的样式进行适当调整，下面将介绍其具体操作。

步骤 01 选中A1:G1单元格区域，单击"开始"选项卡下的"合并后居中"按钮，将其进行合并操作。

合并标题单元格

步骤 02 选中合并后的单元格，在"字体"选项组中，将"字体"设为"黑体"，将"字号"设为20。

设置标题内容格式

步骤 03 选择A2:G19单元格区域，在"单元格"选项组中，单击"格式"下拉按钮，并选择"行高"选项，打开相应对话框，输入行高值。

设置表格行高

步骤 04 单击"确定"按钮完成行高设置。

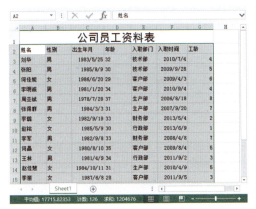

完成设置

步骤 05 选择表格所需单元格，并在"字体"选项组中，设置字体格式。

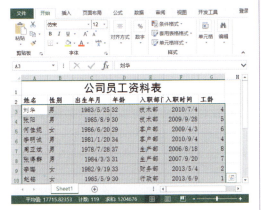

设置表格内容格式

步骤 06 全选表格，单击鼠标右键，选择"设置单元格格式"命令，在打开的对话框中设置外框线样式。

设置表格外框线样式

步骤 07 单击"确定"按钮完成表格外框线的添加操作，再次打开"设置单元格格式"对话框，设置表格内框线样式，并单击"确定"按钮完成操作。

设置表格内框线样式

步骤 08 选中A2:G2单元格区域，打开"设置单元格格式"对话框，切换至"填充"选项卡，设置底纹样式。

设置表格首行底纹

步骤 09 设置完成后，单击"确定"按钮，此时被选中的单元格已添加底纹效果。

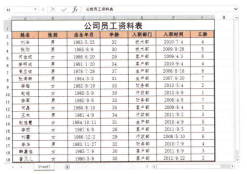

查看效果

12.3 制作员工培训计划表

为了能够提高员工技术能力，公司需定时对员工进行技能培训。作为公司一名行政文秘人员，经常需要制作员工培训计划表，以便培训计划顺利进行。下面将以员工培训计划表为例，来介绍其具体制作过程。

12.3.1 输入培训内容

下面将运用Excel各种输入功能，输入培训计划表内容。

1 输入表格表头内容

表格标题及表头文本输入方法如下：

步骤 01 启动Excel 2013软件，新建空白工作簿。选中A1单元格，输入表格标题文本内容。

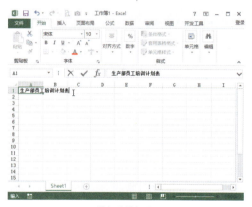

输入表格标题

步骤 02 选择表格首行单元格，并输入首行文本内容。

输入表格首行内容

步骤 03 选择K2单元格右下方填充手柄，按住鼠标左键不放，将该手柄拖拽至V2单元格中，放开鼠标，完成数据填充操作。

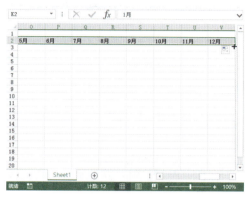

填充单元格内容

步骤 04 选择W2：Z2单元格区域，继续输入文本内容。

继续输入首行内容

2 输入表格正文内容

下面将对表格正文内容进行输入。

步骤 01 选中A3单元格，输入01，此时系统则会显示为1。

输入"序号"列内容

步骤 02 选中A3单元格，在"开始"选项卡的"数字"选项组中，单击"数字格式"下拉按钮，选择"文本"选项。

设置数据格式

步骤 03 在A3单元格中，再次输入01，此时该数字格式已转换为文本。

输入序号

步骤 04 选中A3单元格填充手柄，按住鼠标左键不放，将其手柄拖拽至A15单元格中，放开鼠标，完成数据填充操作。

填充数据

步骤 05 选中"培训内容"列相关单元格，并输入需要的文本。

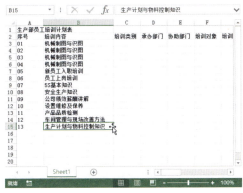

输入"培训内容"列文本

步骤 06 选择C3单元格，单击"数据验证"按钮，打开相关对话框，并设置所需数据信息。

设置数据验证

步骤 07 单击"确定"按钮，完成设置。其后将数据有效性复制到其他单元格中，并输入好相关内容。

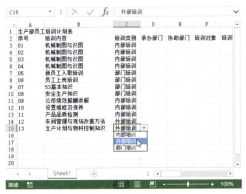

输入"培训类别"列数据

选择"承办部门"列相关单元格，输入所需的文本内容。

输入"承办部门"列内容

步骤 09 在表格中，选择E3:J15单元格区域，并输入相关文本。

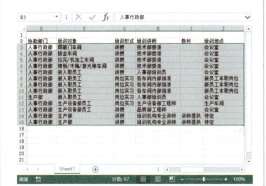

输入文本内容

步骤 10 选中K3单元格，单击"插入"选项卡的"符号"按钮，打开"符号"对话框，选择要插入的符号。

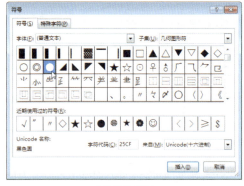

插入特殊符号

步骤 11 选择后，单击"插入"按钮，此时在K3单元格中显示了插入的符号。

完成插入操作

步骤 12 按照以上操作方法，在相关单元格中，插入其他所需符号。

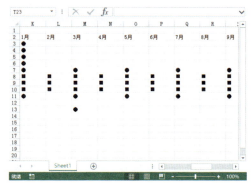

插入其他符号

步骤 13 选中W至Z列相关单元格，并输入表格剩余文本内容。

输入表格文本内容

③ 设置表格格式

表格内容输入完毕后，通常都需要对表格格式进行设置，其方法如下：

步骤 01 选中A1：Z1单元格区域，单击"合并后居中"按钮，将标题行进行合并操作。

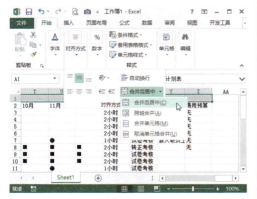

合并标题行

步骤 02 选中标题行，在"字体"选项组中，将"字体"设为"黑体"，将"字号"设为20。

设置标题文本格式

步骤 03 选中表格首行单元格，将其"字体"设为"仿宋"，"字号"设为14，并将其加粗显示。

设置首行内容格式

步骤 04 选中首行单元格，在"对齐方式"选项组中，将其格式设为"垂直"、"居中"。

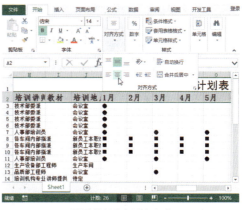

设置首行内容对齐方式

步骤 05 选中A3:Z15单元格区域，在"字体"选项组中，将"字体"设为"仿宋"，将"字号"设为14。

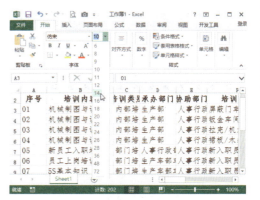

设置表格正文内容格式

步骤 06 选中表格内容，在"对齐方式"选项组中，设置对齐方式。

设置正文内容对齐方式

步骤 07 将光标移至K列的列宽分割线，当光标变成双向箭头时，使用鼠标拖拽的方式调整K列列宽。

调整K列列宽

步骤 08 使用相同的方法，调整其他所需列的列宽。

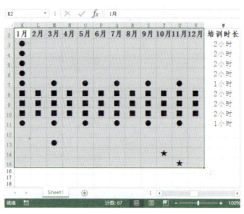

调整其他列宽

步骤 09 全选表格内容，打开"行高"对话框，设置好表格行高值。

调整表格行高

步骤 10 单击"确定"按钮，即可完成表格行高的设置操作。

查看结果

12.3.2 美化表格

表格内容格式设置完成后，用户可对表格外观样式进行设置，下面将介绍其具体操作方法。

步骤 01 选中A2:Z15单元格区域，单击鼠标右键，选择"设置单元格格式"命令，在打开的"设置单元格格式"对话框中，切换至"边框"选项卡，选择框线样式。

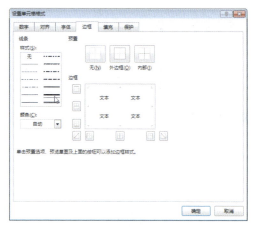

设置表格外框线样式

步骤 02 然后在"预置"选项区域中，单击"外边框"按钮，单击"确定"按钮，完成表格外框线的添加操作。

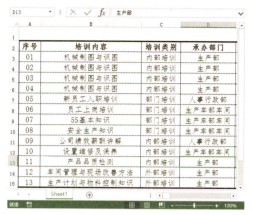

查看表格外框线

操作提示

将表格文字自动换行操作

　　选中所需单元格，在"开始"选项卡的"对齐方式"选项组中，单击"自动换行"按钮，此时，在被选单元格中，输入文本内容后，即可启动自动换行功能。当然用户在需换行时，按下Alt+Enter组合键，同样也可进行自动换行操作。

步骤03 全选表格内容，打开"设置单元格格式"对话框，并设置好内框线样式，然后单击"内部"按钮。

设置表格内框线样式

步骤04 单击"确定"按钮，即可完成表格内框线的添加操作。

完成内框线添加

步骤05 选中表格首行，打开"设置单元格格式"对话框，在"填充"选项卡下，设置底纹颜色。

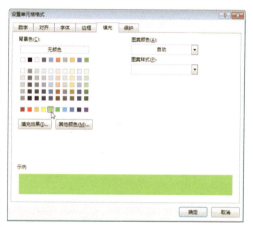

设置首行底纹颜色

步骤06 单击"确定"按钮，完成首行底纹颜色的添加操作。

完成底纹添加

步骤 07 选中K3：V15单元格区域，在"设置单元格格式"对话框的"填充"选项卡中，设置底纹颜色。

设置K3：V15单元格区域的底纹

步骤 08 设置后，单击"确定"按钮即可完成所选单元格底纹的添加操作。

完成底纹添加

步骤 09 在"页面布局"选项卡的"页面设置"选项组中，单击"背景"按钮，打开"工作表背景"对话框，选择满意的背景图片。

选择文档背景图片

步骤 10 单击"插入"按钮，即可完成文档背景图片的添加操作。

完成背景添加

步骤 11 选择A17单元格，输入表格备注文本。

输入备注内容

步骤 12 在"页面布局"选项卡的"工作表选项"组中，取消勾选"网格线"选项区的"查看"复选框，即可隐藏表格网格线。

隐藏网格线

256

12.3.3 打印表格

表格内容设置完毕后，通常都需将其打印出来，方便员工阅读，下面将介绍表格的打印操作。

步骤 01 在"页面布局"选项卡中，单击"纸张方向"下拉按钮，选择"横向"选项。

设置纸张方向

步骤 02 在"页面布局"选项卡中，单击"纸张大小"下拉按钮，选择适合的纸张大小。

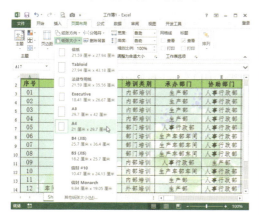

设置纸张大小

步骤 03 在"页面布局"选项卡的"调整为合适大小"选项组中，将"宽度"设为"1页"。

调整表格宽度

步骤 04 单击"页面设置"选项组的对话框启动按钮，弹出"页面设置"对话框，在"页边距"选项卡中设置页边距值，勾选"水平、垂直"复选框。

设置页边距

步骤 05 在"页眉/页脚"选项卡中，单击"自定义页眉"按钮，在"页眉"对话框中，输入页眉内容。

设置页眉选项

步骤 06 然后单击"格式文本"按钮，打开"字体"对话框，对字体格式进行设置即可。

设置页眉字体格式

Excel在人力资源管理中的应用

　　人事部是一个公司不可或缺的部门之一。简单的说，人事部是管理公司员工的部门，其工作主要是围绕着员工考核、员工福利薪酬、员工培训以及员工关系协调等。作为公司人事部一员，经常要处理各种各样的档案数据，例如员工的考勤、考核、档案、工资等。本章将介绍如何使用Excel 2013软件来制作员工年假查询表、考勤表和年度考核表。

本章所涉及到的知识要点：

◆ YEAR()函数的运用　　　　◆ LOOKUP()函数的运用

◆ VLOOKUP()函数的运用　　◆ IF()函数的运用

◆ RANK()函数的运用　　　　◆ 条件规则的添加与设置

本章内容预览：

制作员工年假查询表

制作员工考勤记录表

制作员工年度考核表

13.1 制作员工年假查询表

计算员工休假天数，是公司人事人员日常工作的一部分，使用Excel中相关函数功能可快速计算每个员工的年假天数。下面将以制作员工年假查询表为例，使用VLOOKUP和LOOKUP两种函数，来介绍年休假天数的计算方法。

13.1.1 创建员工基本资料

启动Excel 2013软件，新建空白工作簿，然后在工作簿中创建所需的表格内容，其具体操作方法如下：

步骤 01 双击工作表标签，将其变成可编辑状态。

双击工作表标签

步骤 02 在工作表标签上输入所需名称，单击表格空白处，即可完成工作表标签重命名操作。

命名标签名称

步骤 03 选择A1单元格，输入标题文本内容。

输入表格标题内容

步骤 04 选择表格首行，并根据需要输入相关文本内容。

输入表格首行内容

步骤 05 选中"姓名"列相关单元格，并输入文本内容。

输入"姓名"列内容

步骤 06 选中B3：B18单元格区域，切换至"数据"选项卡，单击"数据工具"选项组中的"数据验证"按钮，在打开的对话框中，对其数据参数进行设置。

设置数据验证

步骤 07 单击B3单元格下拉按钮，选择所需内容，即可输入，按照同样的方法，完成"性别"列内容的输入操作。

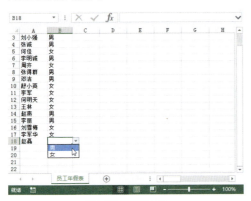

输入"性别"列内容

步骤 08 选中"入职部门"列相关单元格，并输入文本内容。

输入"入职部门"列内容

步骤 09 选中表格"入职时间"列单元格区域，输入文本内容。

输入"入职时间"列内容

步骤 10 选中A20：A24单元格区域，输入年假计算条件内容。

输入年休假规则

13.1.2　计算年假天数

由于每个公司休年假的规则不同，所以计算方法也不相同。下面将使用LOOKUP()和VLOOKUP()这两种函数，来对年假天数值进行计算。

1 计算员工工龄

无论使用哪种计算方法，其前提条件必须要得知员工的工龄值，其具体计算方法如下：

步骤 01 选中E3单元格，在"公式"选项卡中，单击"插入函数"按钮，在打开的对话框中选择YEAR函数，单击"确定"按钮。

选择YEAR函数

步骤 02 打开"函数参数"对话框，在Serial_number文本框中输入NOW()，单击"确定"按钮。

设置函数参数

步骤 03 在公式编辑栏中，输入"-"减号，然后打开"插入函数"对话框，插入YEAR函数，并设置函数参数。

再插入一个YEAR函数

步骤 04 单击"确定"按钮，完成计算。选中E3单元格，将其数据格式设为"文本"。

设置数据格式

步骤 05 这时可以看到，在E3单元格中显示了工龄的计算结果。

得出计算结果

步骤 06 选中E3单元格的填充手柄，使用鼠标拖拽的方法，将其公式复制到E18单元格中。

复制公式

② 使用LOOKUP()函数计算年假

该函数适用于在某一数组范围内进行查找计算，其具体方法如下：

步骤 01 选中F3单元格，打开"插入函数"对话框，在"或选择类别"下拉列表中，选择"查找与引用"选项。

选择函数类别

步骤 02 在"选择函数"列表中，选择LOOKUP函数，单击"确定"按钮。

选择LOOKUP函数

步骤 03 在"选定参数"对话框中，选择该函数的组合方式，这里为默认选项，单击"确定"按钮。

选定参数

步骤 04 在"函数参数"对话框中，将Lookup_value设为E3；将Lookup_vector设为"{ 0；1；5；10 }"；将Result_vector设为"{ 0；5；10；15 }"。

输入函数参数

步骤 05 函数参数输入后，单击"确定"按钮，此时在F3单元格中显示出了计算结果。

得出结果

步骤 06 选择F3单元格填充手柄，拖拽该手柄至F18单元格中，即可完成公式复制操作。

复制公式

3 使用VLOOKUP()函数计算年假

VLOOKUP()函数适用于在某一表格或数组内进行精确查找计算，其方法为：

步骤 01 单击"新工作表"按钮，创建新工作表，并重命名。

创建新工作表

步骤 02 在该工作表中，输入相关文本内容。

输入表格内容

步骤 03 切换至"员工年假表"工作表，右键单击该工作表标签，选择"移动或复制"命令。

复制"员工年假表"工作表

步骤 04 在"移动或复制工作表"对话框的"下列选定工作表之前"列表框中，选择"（移至最后）"选项，并勾选"建立副本"复选框。

设置复制选项

步骤 05 单击"确定"按钮，此时在"年假规则表"工作表后创建了"员工年假表（2）"工作表。

完成复制操作

步骤 06 在复制的工作表中，删除"年假天数"及"年休假规则"内容。

删除多余表格内容

步骤 07 选中F3单元格，打开"插入函数"对话框，选择VLOOKUP函数，单击"确定"按钮。

插入VLOOKUP函数

步骤 08 在"函数参数"对话框中，根据需要对其参数进行设置。

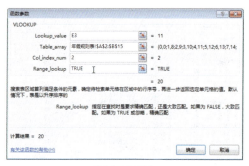

设置函数参数

步骤 09 单击"确定"按钮，此时在F3单元格中，即可显示计算结果。

完成计算

步骤 10 选中F3单元格填充手柄，将其拖拽至F18单元格中，完成公式的复制。

复制公式

13.1.3 设置表格样式

表格所有数据输入完成后，下面将对表格外观样式进行设置。

步骤 01 选择表格单元格区域，在"字体"选项组中，设置好文本字体、字号及对齐方式。

设置表格字体格式

步骤 02 全选表格内容，打开"设置单元格格式"对话框，对表格格式进行设置。

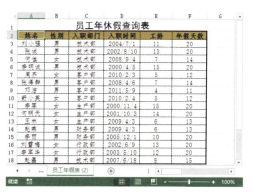

最终效果

13.2 制作员工考勤记录表

对公司员工进行考勤记录是人事人员的职责之一，因此制作合适的考勤表也是人事人员经常要做的事。下面将以考勤表为例，来介绍其具体操作方法。

13.2.1 录入员工考勤信息

启动Excel 2013软件，新建空白工作表，然后输入表格相关内容。

1 输入日期

在Excel软件中，用户可使用数据填充功能，快速输入所需日期内容，方法如下：

步骤 01 选中A1单元格，输入标题文本内容。

输入表格标题文本内容

步骤 02 选中表格首行单元格，并输入相关文本内容。

输入首行表格内容

步骤 03 选中A3单元格，输入日期值，这里输入"2013年5月1日"。

输入日期及星期

步骤 04 选中A3单元格填充手柄，使用鼠标拖拽的方法，将该手柄拖拽至A33单元格中，完成日期填充操作。

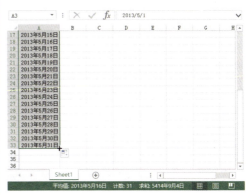

填充日期

2 输入星期值

在Excel软件中，用户可使用函数功能来判断星期值，下面将介绍其具体操作。

步骤 01 选中B3单元格，单击"插入函数"按钮，在"插入函数"对话框中，将"或选择类别"设为"日期和时间"，在"选择函数"列表框中，选择WEEKDAY函数。

插入WEEKDAY函数

步骤 02 在"函数参数"对话框中，将Serial_number设为A3，将Return_type设为2。

设置函数参数

步骤 03 单击"确定"按钮，此时在B3单元格中则会显示星期数。

完成计算

③ 应用嵌套函数输入星期值

用户也可使用WEEKDAY()与CHOOSE()两种函数合并计算星期数，其方法如下：

步骤 01 选中B3单元格，打开"插入函数"对话框，将"选择类别"设为"查找与引用"，在"选择函数"列表框中，选择CHOOSE函数。

插入函数

步骤 02 单击"确定"按钮，在"函数参数"对话框中，将index_num设为WEEKDAY（A3, 2）；将Value1设为"星期一"；将Value2设为"星期二"；依次类推，直到Value7设为"星期日"为止。

设置函数参数

步骤 03 单击"确定"按钮，此时在B3单元格中，则会显示相应的星期数。

完成计算

步骤 04 选中B3单元格填充手柄，将其拖拽至B33单元格中，完成该公式复制操作。

复制公式

操作提示

🔒 WEEKDAY函数语法介绍

　　WEEKDAY表达式为：WEEKDAY（serial_number,return_type），其中serial_number为一个日期值，而return_type则用于指定WEEKDAY函数返回的数字与星期数的对应关系。
　　当return_type为1时，则返回〝数字1（星期日）到数字7（星期六）；当return_type为2时，则返回数字1（星期一）到数字7（星期日）；当return_type为3时，则返回数字0（星期一）到数字6（星期日）。

④ 输入员工缺勤标记

　　根据实际情况，在C3：J33单元格区域中，记录好员工的缺勤标记，其方法如下：

步骤 01 按住Ctrl键，并选择多个所需单元格。

同时选中多个单元格

步骤 02 在公式编辑栏中，输入"缺勤"文本，其后按下Ctrl+Enter组合键，完成操作。此时所有被选中的单元格中均已显示"缺勤"标记。

输入"缺勤"文本

步骤 03 选中C3：J33单元格区域，在"开始"选项卡的"样式"选项组中，单击"条件格式"下拉按钮，在下拉列表中选择"突出显示单元格规则"选项，并在其级联菜单中，选择"等于"选项。

启动条件规则功能

步骤 04 在"等于"对话框中，输入条件内容，其后单击"设置为"下拉按钮，选择满意的填充选项。

设置条件规则

步骤 05 单击"确定"按钮，完成标记操作。此时所有"缺勤"字样的单元格则已被高亮显示。

完成标记

13.2.2　计算应扣款项

下面将对表格中的缺勤次数及相应的扣款项进行统计计算，具体操作如下。

1 统计缺勤次数

使用COUNTA()函数可轻松的对表格数据进行统计，其具体操作如下：

步骤 01 选中A34：B34单元格区域，单击"合并后居中"命令，将单元格进行合并操作。

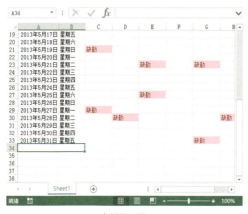

合并单元格

步骤 02 在合并后的单元格中，输入相应的文本内容。

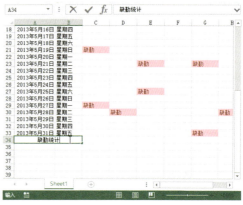

输入文本内容

步骤 03 按照以上相同的操作，将A35：B35单元格进行合并，并输入文本内容。

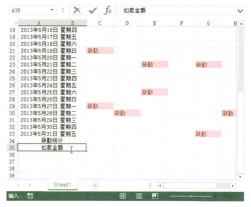

合并单元格并输入文本

步骤 04 选中C34单元格，打开"插入函数"对话框，将"选择类别"设为"统计"，在"选择函数"列表中，选择COUNTA函数。

插入COUNTA函数

步骤 05 在"函数参数"对话框中，单击Value1后的折叠按钮，选取C3:C33单元格区域。

设置函数参数

步骤 06 返回"函数参数"对话框，单击"确定"按钮，此时在C34单元格中则显示统计结果。

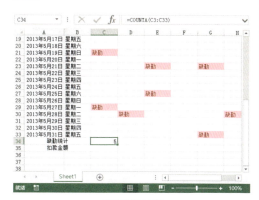

完成统计计算

步骤 07 选中C34单元格填充手柄，将其拖拽至J34单元格中，完成公式复制操作。

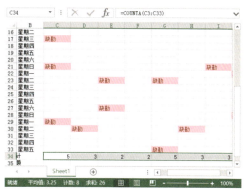

复制公式

2 计算扣款金额

下面将以缺勤1次，扣款30元为例，来计算扣款金额，其方法如下：

步骤 01 选中C35单元格，并输入"=C34*30"公式。

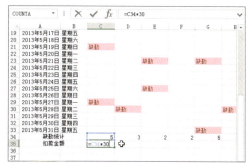

输入公式

步骤 02 按下Enter键，即可得出计算结果。

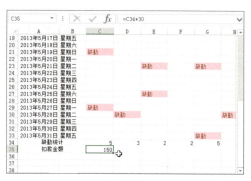

完成计算

步骤 03 选中C35单元格填充手柄，并将其公式复制到J35单元格中。

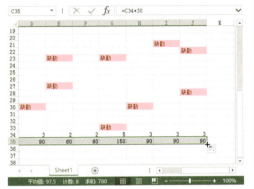

复制公式

步骤 04 选中C35：J35单元格区域，单击"数字格式"下拉按钮，选择"货币"选项。

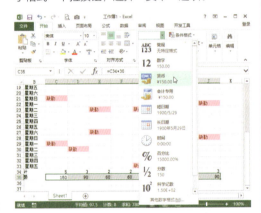

添加货币符号

步骤 05 选择完成后，被选中的单元格已添加货币符号。

查看结果

13.2.3　设置表格外观样式

表格制作完成后，并没有达到美观的效果，下面将对考勤表外观样式进行设置。

步骤 01 选中A1：J1单元格区域，将其进行合并。其后在"字体"选项组中，将标题文本字体、字号进行设置。

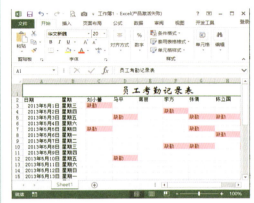

设置表格标题样式

步骤 02 选中表格首行单元格区域，将其文本的字体、字号及对齐方式进行设置。

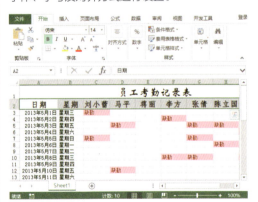

设置首行单元格样式

高手妙招

解决出现"###"字符问题

在调整字体大小时，一些有关于日期文本则会显示"＃＃＃＃＃"字符，此时，用户只需适当调整该列列宽，即可显示正确的日期数。

步骤 03 选择A3：J35单元格区域，对该区域文本的字体、字号及字形进行设置。

设置表格正文内容格式

步骤 04 全选表格内容，打开"设置单元格格式"对话框，设置表格的内、外边框线样式。

添加表格边框线

步骤 05 单击"确定"按钮，完成表格边框线的添加操作。

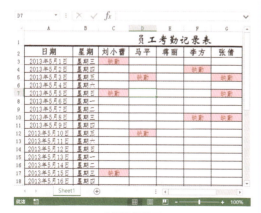

查看边框效果

步骤 06 选中所需单元格区域，在"设置单元格格式"对话框中，单击"填充"选项卡，设置好底纹颜色。

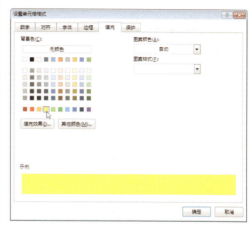

添加表格底纹

步骤 07 单击"确定"按钮，完成表格底纹颜色的添加操作。

完成底纹的添加操作

步骤 08 选中A3单元格，在"视图"选项卡的"窗口"选项组中，单击"冻结窗格"下拉按钮，选择"冻结拆分窗格"选项。

选择"冻结拆分窗格"选项

步骤09 此时可以看到，表格标题及首行单元格已被冻结。滚动鼠标中键，此时标题行及首行是始终显示的。

完成冻结操作

13.2.4 创建考勤表模板

将当前创建好的考勤表保存为模板格式，可方便以后直接调用，其方法如下：

步骤01 将A3：A33以及C3：J33单元格区域的文本内容删除。

删除多余内容

步骤02 单击"文件"按钮，选择"另存为"选项，在打开的对话框中，将"保存类型"设为"Excel模板"，并设置文件名称，单击"保存"按钮，完成操作。

保存模板格式

操作提示

将模板保存到默认存放位置

在保存模板时，如果选择默认的保存位置，此时在下次调用时，则需在"文件"选项卡中，单击"新建"按钮，在打开的模板界面中，选择"我的模板"选项，然后在打开的"新建"对话框中，选择所需模板，单击"确定"按钮即可打开。

步骤03 打开保存的模板工作表，在A3单元格中输入新日期。

使用保存的模板

步骤04 选中A3单元格填充手柄，将其拖拽至A33单元格中，完成日期数据输入操作。此时在B3：B33单元格区域的星期值，也会随着日期的变化而变化。

填充日期数据

步骤05 用户可在C3:C33单元格区域中继续记录员工缺勤标记，此时"缺勤统计"及"扣款金额"数值也会随之发生变化。

13.3 制作员工年度考核表

为了能够提高员工职业技能，通常公司会按照一定的时间段，对员工进行定向考核。而对于考核成绩的统计与评定也是人事人员的份内事。下面将以员工年度考核表为例，来介绍如何使用Excel相关功能进行报表的制作。

13.3.1 录入年度考核信息

新建空白工作表后，首先需要对考核相关信息进行录入操作。

步骤 01 选中A1单元格，输入好表格标题内容。

输入标题内容

步骤 02 选择表格首行单元格，并输入相应的文本内容。

输入首行文本

步骤 03 选中"姓名"列相关单元格，输入员工姓名。

输入"姓名"列内容

步骤 04 选择表格相关单元格，并输入员工各季度考核成绩。

输入员工成绩

步骤 05 切换至"插入"选项卡，在"文本"选项组中单击"文本框"下拉按钮，选择"横排文本框"选项。

插入文本框

步骤 06 在表格下方，按住鼠标左键不放，拖拽鼠标至满意位置，放开鼠标则可绘制文本框。

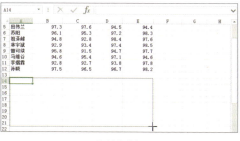

绘制文本框

步骤 07 选中该文本框，并输入好年终奖金发放规则。

输入文本内容

步骤 08 选中文本框，在"绘图工具–格式"选项卡的"形状样式"选项组中，根据需要对其样式进行设置。

设置文本框样式

步骤 09 选中文本框内容，在"字体"选项组中，对文本内容的格式进行设置。

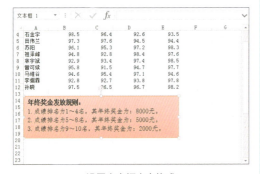

设置文本框内容格式

13.3.2　计算表格数据

表格相关内容输入完成后，下面将使用各种函数对所需数据进行计算操作，具体操作方法如下。

1 计算年度总成绩

使用自动求和功能，则可对年度总成绩进行计算，其方法如下：

步骤 01 选择F3单元格，在"公式"选项卡的"函数库"选项组中，单击"自动求和"按钮，此时系统将自动框选B3:E3单元格区域。

启动自动求和功能

步骤 02 按下Enter键，完成求和运算。此时在F3单元格中显示计算结果。

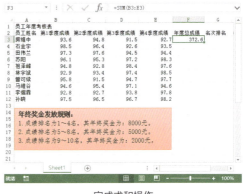

完成求和操作

步骤 03 选中F3单元格填充手柄，使用鼠标拖拽的方法，将公式复制到F12单元格中。

复制公式

2 计算排名

使用RANK函数，可对成绩进行排名操作，其方法如下：

步骤 01 选中G3单元格，单击"插入函数"按钮，在"插入函数"对话框中选择RANK函数。

插入RANK函数

步骤 02 在"函数参数"对话框中，将Number设为F3，单击Ref后的折叠按钮，选择F3:F12单元格区域。

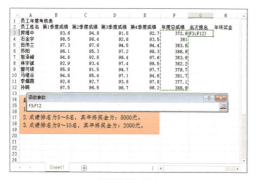

设置函数参数

步骤 03 返回到"函数参数"对话框，在Ref文本框参数中添加$符号。

添加$符号

步骤 04 单击"确定"按钮，此时在G3单元格中即可显示计算结果。

完成计算

步骤 05 将G3单元格中公式复制到G12单元格中。

复制公式

3 计算年终奖金

下面将根据年终奖金发放规则，来对年终奖数据进行计算。

步骤 01 选中H3单元格，打开"插入函数"对话框，选择IF函数选项。

插入IF函数

步骤 02 按照奖金发放规则，设置函数参数。

设置函数参数

步骤 03 单击"确定"按钮，在H3单元格中显示计算结果。

完成结果计算

步骤 04 将H3单元格公式复制到H12单元格中。

复制公式

步骤 05 选中H3:H12单元格区域，单击"数字格式"下拉按钮，选择"货币"选项。

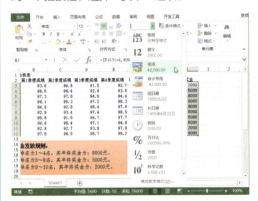

设置数字格式

步骤 06 然后单击"数字"选项组的对话框启动按钮，在"设置单元格格式"对话框的"数字"选项卡中，将"小数位数"设为0。

设置小数的位数

步骤07 单击"确定"按钮，完成"年终奖金"数字格式的设置操作。

完成设置操作

13.3.3 设置条件格式

下面将对表格数据添加条件规则，其操作如下：

步骤01 选中F3：F12单元格区域，在"开始"选项卡的"样式"选项组中，单击"条件格式"下拉按钮，选择"突出显示单元格规则"选项，并在级联菜单中，选择"介于"选项。

启动条件规则功能

高手妙招

编辑条件格式

当条件改变时，用户可随时修改现有的条件规则。在"开始"选项卡的"样式"选项组中，单击"条件规则"按钮，选择"管理规则"选项，在打开的"条件格式规则管理器"对话框中，根据需要进行新建规则、删除规则及编辑规则等设置。

步骤02 在"介于"对话框中，设置好取值范围，并设置填充选项。

设置参数

步骤03 单击"确定"按钮，此时在F列的单元格区域中，凡是在380~390之间的数据将被突出显示。

完成设置操作

13.3.4 美化表格

表格数据输入完成后，用户需对表格格式进行美化设置，其操作方法如下：

步骤01 选中A1：H1单元格区域，单击"合并后居中"按钮，将该单元格进行合并。在"字体"选项组中，设置标题字体与字号大小。

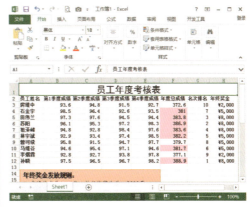

设置表格标题格式

步骤 02 选中A2:H2单元格区域，对表格首行文本的格式进行设置。

设置首行内容格式

步骤 03 选中A3:H12单元格区域，对表格内容的格式进行设置。

设置表格正文内容格式

步骤 04 选中A2:H12单元格区域，在"单元格"选项组中，单击"格式"下拉按钮，选择"行高"选项，在打开的对话框中输入所需行高值。

设置行高值

步骤 05 全选表格内容，打开"设置单元格格式"对话框，设置表格内、外边框线样式。

设置表格边框线样式

步骤 06 选中表格首行单元格，在"设置单元格格式"对话框的"填充"选项卡中，设置底纹颜色。

设置首行底纹颜色

步骤 07 单击"确定"按钮，返回工作表中，查看最终效果。

美化后表格的效果

14

Chapter

Excel在市场营销中的应用

市场营销不仅包含各种流通环节的经营活动研究，还包括产品流入市场的活动，如市场调查、分析、产品定位、占有率调查等。利用Excel可以方便地对产品市场信息进行整理、筛选和分析，以便制作下一步的市场营销计划。本章将介绍如何使用Excle2013相关操作命令来制作产品调查问卷、制作产品销售统计表及电脑销售情况分析表。

本章所涉及到的知识要点：

◆ 创建并设置文本框格式　　　　◆ 分组框的设置与编辑

◆ 单选项的添加与设置　　　　　◆ 多选项的添加与设置

◆ 数据排序与筛选　　　　　　　◆ 数据透视表的添加

◆ 图表的创建与美化

本章内容预览：

制作产品调查问卷

制作产品销售统计表

制作电脑销售情况分析表

14.1 制作产品市场问卷调查表

产品市场问卷调查是企业了解某类产品的市场行情，以及相应人群对此类产品的需求侧重点的调查。使用Excel可以快速制作产品的问卷调查表，方便在互联网以及现场调查时使用。

14.1.1 制作选项值预览表

在制作调查表前，需要先制作选项值预览表，以便在制作调查表时有值进行选择，下面将介绍其具体操作。

步骤01 新建一个Excel工作表，命名为"产品调查问卷"。打开后双击Sheet1工作表，重新命名为"数据源"。

重命名工作表标签

步骤02 按照之前调查的数据内容，完成数据源表的制作。

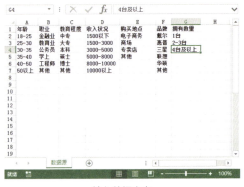

输入数据内容

14.1.2 制作市场调查问卷

在选项值预览表制作完成后，下面就可以制作产品调查问卷了。

1 新建调查问卷表

首先要新建工作表，其方法如下。

步骤01 在"产品调查问卷"工作簿中，新建空白工作表，并选择"重命名"命令。

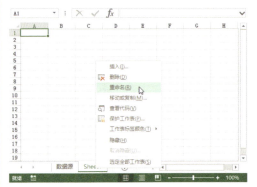

重命名工作表

步骤02 输入新工作表标签名称为"调查问卷"，然后单击工作表中的任意单元格，完成重命名操作。

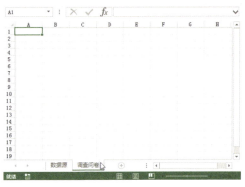

输入名称

2 添加调查问卷说明

在调查问卷上方，首先应该使用简短的文字对调查问卷内容进行说明。

步骤 01 切换至"插入"选项卡，单击"文本框"下拉按钮，选择"横排文本框"选项。

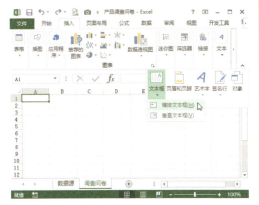

添加文本框

步骤 02 当鼠标变成十字形时，拖拽鼠标在工作表中绘制出文本框区域。

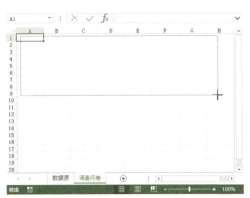

绘制文本框

步骤 03 在文本框中，输入问卷说明文本。

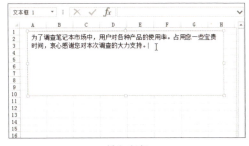

输入文字

步骤 04 全选文本，更改"字体"为"隶书"，"字号"为14，颜色为"深蓝"等文本格式设置。

设置文本格式

步骤 05 在"绘图工具-格式"选项卡中，根据需要对文本框外观格式进行设置。

设置文本框格式

3 添加单选按钮

下面将使用"开发工具"选项卡中的相关选项，来制作调查问卷中的相关选项按钮。

步骤 01 单击"文件"标签，选择"选项"选项。

选择"选项"选项

步骤 02 切换至"自定义功能区"选项面板，勾选"开发工具"复选框。

添加"开发工具"选项卡

步骤 03 单击"开发工具"选项卡中的"插入"下拉按钮，在"表单控件"列表中，单击"分组框"按钮。

单击"分组框"按钮

步骤 04 当鼠标变成十字形时，拖动鼠标绘制出分组框。

绘制分组框

步骤 05 双击"分组框1"文字部分，重命名为"性别"。

重命名分组框

步骤 06 在"表单控件"列表框中，单击"选项按钮"按钮。

插入选项按钮

步骤 07 在"分组框"中，单击需要插入的位置，完成选项按钮的插入。其后单击"选项"名称后，重命名为"男"。按同样的方法插入"女"选项按钮。

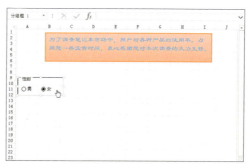

绘制选项按钮

步骤 08 右击"男"选项按钮，选择"设置控件格式"命令。

设置分组框格式

步骤 09 在"颜色与线条"选项卡中，选择"填充效果"选项。

填充效果

步骤 10 在"纹理"选项卡中，选择纹理后，单击"确定"按钮。

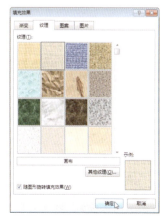

选择效果

步骤 11 同样方法设置"女"控件格式。

最终效果

4 添加下拉选项

同样，可以为多个选项添加下拉效果，进行选择。

步骤 01 在A14单元格中，输入"年龄"下拉选项文本内容。

输入下拉选项文字

步骤 02 在"表单控件"列表框中，单击"组合框"按钮。

添加下拉选项

步骤 03 在B14单元格中，绘制下拉选项的范围。

绘制"下拉"选项

步骤 04 右击"组合框"控件，选择"设置控件格式"命令。

设置控件格式

步骤 05 在"控制"选项卡中，单击"数据源区域"后的折叠按钮。

"设置控件格式"对话框

步骤 06 选择"数据源"工作表中的A2:A7的单元格区域。其后单击折叠按钮，返回对话框。

选择数据

步骤 07 在"控制"选项卡中，勾选"三维阴影"复选框。

勾选"三维阴影"复选框

步骤 08 在主界面中，单击"年龄"下拉按钮，可以选择适合的选项。

查看效果

步骤 09 按照同样的步骤，完成所有下拉列表的制作。

完成下拉列表的制作

5 添加复选框

如果用户有多个选择，可以使用多选按钮进行操作。

步骤 01 单击"控件"下拉按钮中的"分组框"按钮。

插入分组框

步骤 02 在表格空白处绘制分组框的区域。

绘制分组框

步骤 03 在分组框上单击鼠标右键，选择"编辑文字"命令。

命名分组框

步骤 04 在"表单控件"列表框中，单击"复选框"按钮。

添加选项

步骤 05 然后使用鼠标在分组框中绘制出复选框的位置。

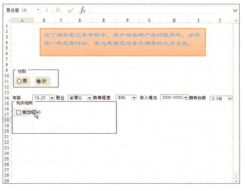

绘制复选框

步骤06 在复选框上单击鼠标右键，当出现编辑状态时，按住Ctrl键使用鼠标拖拽复制出需要的复选框数量。

复制复选框

步骤07 在复选框名称上右击鼠标，为所有复选框命名。

重命名复选框

步骤08 调整框体位置及大小后，使用填充效果对框体进行美化。

设置框体效果

步骤09 按照此方法，将需要的复选框类型全部制作出来。

完成所有复选项的制作

6 界面设置

下面将对操作界面网格线进行隐藏设置。

步骤01 单击"文件"标签，选择"选项"选项。在"Excel选项"对话框中，切换至"高级"选项面板，在右侧选项区域中，取消勾选"显示网格线"复选框。

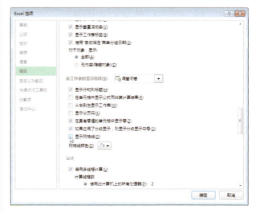

取消"网格线"的勾选

步骤02 单击"确定"按钮，此时表格中的网格线将被隐藏。

操作提示

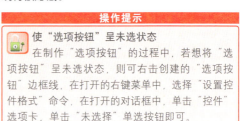

使"选项按钮"呈未选状态

在制作"选项按钮"的过程中，若想将"选项按钮"呈未选状态，则可右击创建的"选项按钮"边框线，在打开的右键菜单中，选择"设置控件格式"命令，在打开的对话框中，单击"控件"选项卡，单击"未选择"单选按钮即可。

14.2 制作产品销售统计表

利用Excel的相关功能，可方便地对销售信息进行整理和分析，而利用Excel函数则可计算产品的销售数据，从而掌握该产品在市场上的销售情况。下面将以电子产品销售统计表为例，来介绍如何对表格的数据进行统计分析。

14.2.1 计算销售数据

下面将对产品的"折扣率"、"销售金额"及"折扣额"进行计算。

步骤 01 打开"电子产品销售统计表"工作表，选中H3单元格，在编辑栏中输入"＝（F3－G3）/F3"公式。

计算折扣率

步骤 02 按下Enter键，此时在H3单元格中将计算出结果。

得出结果

步骤 03 选中H3单元格，将光标移至填充手柄，拖动该手柄至H32单元格，然后释放鼠标左键，

完成公式复制操作。

复制公式

步骤 04 选中H3：H32单元格区域，单击"数字"选项组中的"数字格式"下拉按钮，在下拉列表中，选择"百分比"选项。

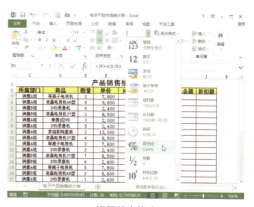

设置数字格式

高手妙招

快速设置数字格式

在操作中，如果想将某个数字格式快速应用到其他数字上，可使用"格式刷"功能。选中要复制的数字格式，单击"格式刷"按钮，当光标变成刷子形状时，选中所需单元格，即可快速复制数字格式。

步骤 05 这时可以看到，被选中的单元格数据已转换成百分比格式了。

完成设置

步骤 06 选中I3单元格，在编辑栏中输入"=E3*F3"公式。

计算销售总额

步骤 07 按下Enter键，在I3单元格中即可查看计算结果。

得出结果

步骤 08 使用鼠标拖拽的方法，将I3公式复制到I32单元格中。

复制公式

步骤 09 选中G3单元格，单击"格式刷"按钮，其后选中I3:I32单元格区域，则可完成数字格式的复制操作。

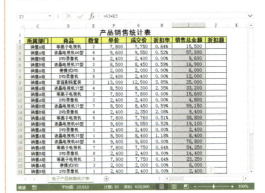

复制数字格式

步骤 10 选中J2单元格，在编辑栏中输入公式"=（F3-G3）*E3"。

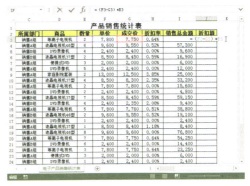

计算折扣额

步骤 11 按下Enter键，在J3单元格中即可显示计算结果。

得出结果

步骤 12 使用鼠标拖拽的方法，将J3单元格中的公式复制到J32单元格。

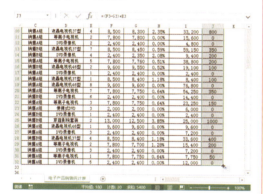

复制公式

14.2.2 对数据进行排序筛选

表格所需数据计算完成后，下面将数据进行排序和筛选操作。

1 多列排序

下面将对表格中的"商品"和"销售总金额"两列数据进行排序操作。

步骤 01 选中"电子产品销售统计表"工作表标签，单击鼠标右键，选择"移动或复制工作表"命令。

复制工作表

操作提示

使用排序功能需注意

Excel默认对光标所在的连续数据区域进行排序。连续数据区域是指该区域内没有空行或空列。需要对工作表内某一个连续的数据区域排序，则要先将光标定位到该区域内的排序依据列上，否则将得不到想要的排序结果。

需要对多个连续数据区域内的所有数据排序，可选定所要排序的数据范围，然后在打开的"排序"对话框中来实现。排序后，空行会被移至选定区域的底部。

步骤 02 在打开的对话框中，选择"移至最后"选项，其后，勾选"建立副本"复选框。

设置复制参数

步骤 03 双击复制的工作表标签，将复制的工作表进行重命名。

重命名工作表

步骤 04 在"数据"选项卡的"排序和筛选"选项组中，单击"排序"按钮，将打开"排序"对话框。

打开"排序"对话框

步骤 05 将"主要关键字"设为"商品"，将"排序依据"设为"数值"，将"次序"设为"升序"。

设置排序参数

步骤 06 单击"添加条件"按钮，其后将"次要关键字"设为"销售总金额"，将"次序"设为"降序"。

添加排序条件

步骤 07 排序参数设置后，单击"确定"按钮，完成操作。

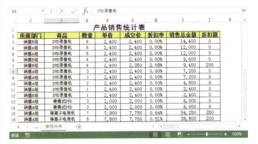

完成排序操作

步骤 08 选中E~H和J列并右击，在弹出的快捷菜单中选择"隐藏"命令。

隐藏列

步骤 09 这时可以看到，被选中的列已隐藏。

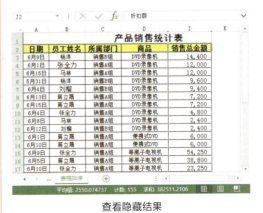

查看隐藏结果

2 自定义筛选

　　下面将对"销售总金额"列数据进行筛选操作。

步骤 01 将"电子产品销售统计表"进行复制，并将其进行重命名。

复制并重命名工作表

步骤 02 在表格下方合适位置，输入要筛选的条件内容。

输入筛选条件

步骤 03 在"数据"选项卡的"排序和筛选"选项组中，单击"高级"按钮，打开"高级筛选"对话框。

打开"高级筛选"对话框

步骤 04 单击"列表区域"后面的折叠按钮，选择表格中的所有数据内容。

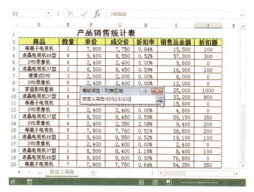

选择单元格区域

步骤 05 再次单击折叠按钮返回"高级筛选"对话框，单击"条件区域"后面的折叠按钮，选择筛选条件区域。

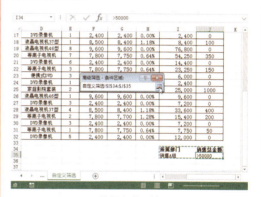

选择条件区域

步骤 06 在"高级筛选"对话框中，单击"确定"按钮，完成筛选操作。

完成筛选操作

14.2.3 分类汇总销售金额

使用"分类汇总"功能可以将相同规格的产品汇总在一起，便于分析统计。

步骤 01 复制"电子产品销售统计表"，并将工作表标签名称进行重命名。

复制并重命名工作表

步骤 02 单击"排序"按钮，在"排序"对话框中，将"主要关键字"设为"员工姓名"。

设置排序参数

步骤 03 单击"确定"按钮，完成员工姓名排序操作。

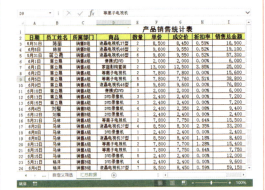

完成排序操作

步骤 04 在"数据"选项卡的"分级显示"选项组中，单击"分类汇总"按钮，打开"分类汇总"对话框。

"分类汇总"对话框

步骤 05 将"分类字段"设为"员工姓名"，勾选"数量"和"销售总金额"复选框。

设置汇总参数

步骤 06 汇总参数设置后，单击"确定"按钮，完成汇总操作。

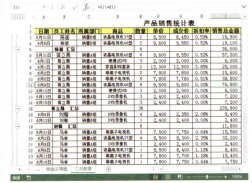

查看分类汇总结果

14.2.4 应用数据透视表进行销售分析

下面将使用数据透视表功能，来对员工销售情况进行分析。

步骤 01 复制"电子产品销售统计表"，并对其进行重命名。

复制并重命名工作表

步骤 02 在"插入"选项卡的"表格"选项组中，单击"数据透视表"按钮，弹出对话框。

"创建数据透视表"对话框

步骤 03 在该对话框中，选择"现有工作表"单选按钮，并选择创建数据透视表的单元格区域。

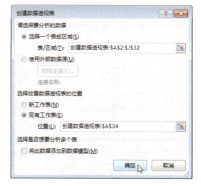

设置创建数据透视表参数

步骤 04 单击"确定"按钮，在"数据透视表字段"窗格中，勾选要添加的字段复选框。

"数据透视表字段"导航窗格

步骤 05 在"数据透视表字段"窗格中的"行"列表框中，选择要筛选的数据，这里选择"员工姓名"，在"列"列表中，选择"移动到报表筛选"选项。

添加筛选数据字段

步骤 06 这时被选中的数据字段已添加至"报表筛选"中，在透视表上方则会显示筛选字段。

查看结果

步骤 07 单击"员工姓名"筛选按钮，在打开的下拉列表中，选择要筛选的姓名，即可完成筛选操作。

筛选数据

14.3 制作电脑销售情况分析表

在销售管理中，准确统计各种销售数据，可以帮助决策层快速了解产品的现状，对企业的发展方向以及销售模式的确定等都有非常重要的意义。而Excel在销售数据分析方面有着独特的作用，用户可以使用Excel统计销售数量以及业务员的销售业绩等。

14.3.1 创建产品销售统计表

下面将以电脑销售情况为例，来介绍分析报表的制作步骤。首先介绍如何创建产品销售统计表，具体如下。

步骤 01 新建工作簿并命名为"电脑销售情况分析表"，然后将Sheet1工作表标签命名为"销售清单"，按要求输入销售报表内容。

新建月销售情况表

步骤 02 选中G2单元格，输入公式"=E2*F2"并按下Enter键，即可计算出首行销售金额。

计算金额

步骤 03 选择G2单元格填充手柄，将其公式复制到G48单元格中。

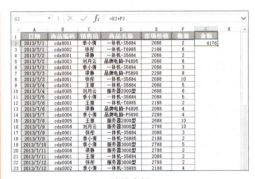

计算所有金额

步骤 04 新建工作表并命名为"汇总表"，输入标题及销售员姓名。

创建销售汇总表

步骤 05 选中B2单元格，在编辑栏中输入公式"=SUMIF（销售清单!C\$2:C\$48，A2，销售清单! G\$2:G\$48）"，其后将该公式复制到B6单元格中。

计算销售总计

14.3.2　计算业绩奖金

下面根据员工销售额，计算相应的业绩奖金等项目，操作如下。

步骤 01 创建"奖金标准表"，并按照要求输入数值。

创建奖金标准表

步骤 02 建立"6月业绩简表"工作表，并按要求输入金额。

创建6月业绩表

步骤 03 创建7月的"奖金初始表"工作表，并按要求输入标题及销售员姓名。

建立7月销售表

步骤 04 选中B2单元格，输入"=VLOOKUP(A2,'6月业绩简表'!A\$2:C\$6,2,0)+VLOOKUP(A2,'6月业绩简表'!A\$2:C\$6,3,0)"后，按下Enter键。

计算累积销售业绩

步骤 05 选中D2单元格，输入公式"=VLOOKUP(A2,汇总表!A\$2:B\$6,2,0)"后，得出计算结果。

计算本月销售业绩

计算累计奖金

步骤 06 选中C2单元格，输入公式"=HLOOKUP（D2，奖金标准表!B$2:E$3，2）"并按下Enter键，得出计算结果。

计算提成比例

步骤 07 选中E2单元格，输入公式"=C2*D2"并按下Enter键，得到奖金的计算结果。

计算奖金

步骤 08 选中F2单元格，输入公式"=VLOOKUP(A2,'6月业绩简表'!A$2:D$6,4,0)+ E2"，按下Enter键，得出累计奖金的计算结果。

步骤 09 选中B2：F2单元格区域，将其公式复制到表格B3：F6单元格区域中，完成计算。

计算所有销售员数据

14.3.3　对销售情况进行分析

完成了所有业绩统计后，接下来进行销售员的业绩分析。

1 制作销售排行榜

计算出销售额后，对业务员的业绩进行排名就十分简单了。

步骤 01 切换到"汇总表"工作表，增加"名次"列。

增加"名次"列

步骤 02 选中C2单元格，输入公式"=RANK (B2, B\$2:B\$6,0)"后，按下Enter键计算出名次。

计算名次

步骤 03 选中C2单元格填充手柄，将公式复制到C5单元格中。

复制公式

2 统计销售比例

按照产品销量，统计单品的销售比例是企业经常需要做的工作。

步骤 01 新建"销售细目表"工作簿，按要求填写标题及产品类型。

新建工作簿

步骤 02 选中B3单元格，输入公式"=DSUM(销售清单!\$A\$1:\$F\$48,"数量",B1:B2)"，按下Enter键得到计算结果。

计算销售数量

步骤 03 选中B3单元格填充手柄，将公式复制K3单元格中。

复制公式

步骤 04 选中B4单元格，输入公式"=B3/SUM($B$3:$K$3)"，按下Enter键，计算出结果。

计算销售比例

步骤 05 使用鼠标拖拽的方法，将B4单元格公式复制到K4单元格中。

复制公式

步骤 06 选中B4:K4单元格区域，单击"数字"选项组的对话框启动器按钮。

设置单元格数据类型

操作提示

DSUM函数的用法
该函数用于将数据库中符合条件记录的字段列中的数字之和。语法为DSUM(database,field, criteria)。Database 构成列表或数据库的单元格区域；Field 指定函数所使用的数据列；Criteria为一组包含给定条件的单元格区域。

步骤 07 在"设置单元格格式"对话框中，选择左侧"百分比"选项，在右侧的"小数位数"数值框中，输入2，单击"确定"按钮。

设置小数位数

步骤 08 在"销售细目表"工作表中，可以查看到数据按百分比形式显示了。

最终效果

3 销售数据查询

下面介绍销售数据的查询步骤。

步骤 01 打开"销售清单"工作簿，切换至"数据"选项卡，单击"筛选"按钮。

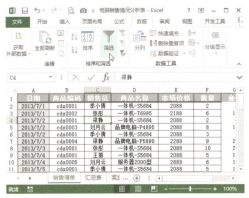

单击"筛选"按钮

步骤 02 单击"数量"字段右侧的下三角按钮，选择"数字筛选"子列表中的"自定义筛选"选项。

选择筛选方式

步骤 03 在"自定义自动筛选方式"对话框中，将"数量"设置为"大于或等于"，输入10后，单击"确定"按钮。

设置筛选参数

步骤 04 设置完成后返回工作表中，即可查看筛选的最终效果。

最终效果

14.3.4 创建销售统计图表

在制作完统计表后，下面将以"销售细目表"为例，来创建累积业绩统计图表。

步骤 01 打开"销售细目"工作表，选择A2:G2和A4:G4单元格区域，在"插入"选项卡中，单击"饼图"下三角按钮，选择需要的饼图类型。

选择图表类型

步骤 02 这时，即可完成饼图的创建操作。

创建饼图

步骤 03 双击该图表标题，输入新标题，执行"图表工具–设计>图表布局>添加图表元素>数据标签>最佳匹配"命令，设置标签位置。

添加图表元素

步骤 04 选择满意的图表格式，即可完成图表格式的设置操作。

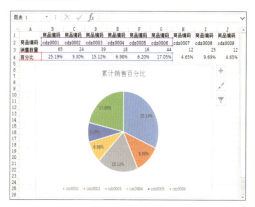

设置后图表效果

方法一：鼠标拖动法

双击饼图中要突出显示某一数据扇形，按住鼠标左键，将选中的扇形向外拖拽至适合位置，放开鼠标，即可完成操作。

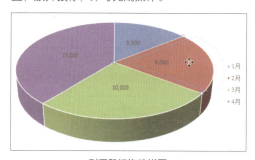

利用鼠标拖动饼图

方法二：快捷菜单设置法

步骤 01 双击饼图中所要突出显示某一数据，单击鼠标右键，选择"设置数据点格式"选项。

通过右键设置饼图格式

步骤 02 在打开窗格的"系列选项"中，拖动"点爆炸"选项的滑块，来设置分离距离的大小。

设置数据点格式

步骤 03 最后返回编辑查看编辑效果。

分离饼图的效果